Le Cartonage

용기를 내어 당신이 생각하는 대로 살아야 합니다.
그렇지 않으면 머지않아 당신은 사는 대로 생각하게 될 것입니다.
— 폴 부르제(프랑스의 시인. 철학자)

Il faut vivre comme on pense,
sans quoi l'on finira par penser comme on a vécu.
— Paul Bourget

터닝포인트는 삶에 긍정적 변화를 일으키는 좋은 책을 만들기 위해 최선을 다합니다.

세상에서 가장 달콤한

까또나주 종이상자

DIY

SWEETSMOTIF NO CARTONNAGE
© MAKI SAEKI 2009

Originally published in Japan in 2009 by KAWADE SHOBO SHINSHA Ltd. Publishers Korean translation rights arranged through TOHAN CORPORATION, TOKYO., and Enters Korea Co., Ltd., SEOUL

세상에서 가장 달콤한 까또나주 종이상자 DIY

2013년 5월 1일 초판 1쇄 인쇄
2013년 5월 10일 초판 1쇄 발행

지은이 사에키 마키
옮긴이 김선영
펴낸이 정상석
펴낸 곳 터닝포인트
등록번호 2005. 2. 17 제6-738호
대표전화 (02)332-7646
팩스 (02)3142-7646
홈페이지 http://www.turningpoint.co.kr
        http://www.diytp.com
ISBN 987-89-94158-36-5 13630
정가 12,000원

STAFF
Photo ...... Gorta Yuuki
Book design ...... Kimiko Tanaka,Keiko Ohki,Shoko Suzuki(TenTen Graphics)
Styling ...... Chihiro Kubota(Photo Styling Japan)
Trace ...... Factorywater
Planning ...... Maki Hayashi(K-Writer's Club)
Editor ...... Hisako Suzuki,Megumi Nishijima,Maki Hayashi(K-Writer's Club)
Studio ...... Sarah Grace http://www.zakka-sara.com/

편집 진행 터닝포인트
표지 · 본문 디자인 디자인 모아

원고 집필 문의 diamat@naver.com
(터닝포인트는 삶에 긍정적 변화를 일으키는 좋은 책을 함께 만들 좋은 원고를 환영합니다.)

세상에서 가장 달콤한

까또나주 종이상자

Le Cartonage

DIY

사에키 마키 지음 | 김선영 옮김

터닝
포인트

Le Cartonage

PROLOGUE

스위츠를 이용한 까또나주(註-스위츠-달콤한 후식: 조각케이크, 사탕, 무스 등을 일컬음.)
만들 때도, 꾸밀 때도, 선물할 때도, 왠지 모르게 즐겁고 행복함에 젖게 되는,
"그런 작은 상자가 있으면 좋겠다!"라고 생각하면서 만들어나가기 시작했습니다.

케이크, 마카롱, 바바루아, 와플 등
생각나는 디자인을 만들어내는걸 즐거워하고,
완성된 작은 상자를 선물 받은 사람이
"와아~" 하고 어린아이처럼 좋아라하는 것을 보고는 기뻐하다가
문득 정신을 차리고 보니, 수많은 달콤한 상자들에 둘러 싸여 있었습니다.

"이거 괜찮겠는걸!" 하고 문득 생각난 아이디어로
두근거리며 모양을 만들어가는 까또나주!
모양이나 만드는 방법도 다양하고 소재도 자유로워서,
자연스럽게 자신만의 작품이 완성됩니다.
여러분도 각자 나만의 까또나주를 즐겨보세요.

아뜰리에 로즈베리
사에키 마키(Maki Saeki)

IMAGE CONTENTS

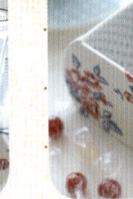

독서 타임으로 한숨 돌리고 이런저런 생각에 잠겨 느긋하게 시간을 보내는 커피타임

웨딩 파티 순백의 드레스에 둘러싸여 축복의 샤워를 하며 여행을 떠나는 날!

크리스마스 파티 성스러운 밤 따뜻한 방에서 가족들과 이야기를 나누는 즐거운 한 때

THÉ D'APRÈS-MIDI

오후의 티타임

오후의 부드러운 태양빛 아래 끝없는 수다

MACARON 만드는 법 P.46

마카롱

솜털같이 부드럽고, 동그랗고 귀여운
색색의 상자에 무얼 넣을까?

BAVAROISE 만드는 법 P.76
바바로아

부드러운 핑크색이 아련한 달콤함에
빠지게 합니다.

GÂTEAU TRAPÉZOÏDAL 만드는 법 P.83
사다리꼴 케이크

얇은 녹색에 물방울무늬와 줄무늬로 꾸민
사랑스러운 작은 상자

PETIT GÂTEAU 만드는 법 P.92
쁘띠 케이크

뚜껑을 열었을 때, 작은 꽃들이랑
체리무늬로 귀엽게.

FÊTE DES ENFANTS
아 이 들 의   파 티

천진난만한 미소를 띤 아이들이 모인 사랑스런 천사들의 파티

PETIT GÂTEAU 만드는 법 P.95
컵케이크

물방울무늬는 아이들의 건강함을,
가장자리의 레이스는 사랑스러움을 더해준다.
상자를 열 때는 딸기를 꼭 잡고 열어주세요.

BOÎTE DE BONBONS 만드는 법 P.89

캔디박스

불룩하게 배가 부풀어 오른 상자에
가장 좋아하는 캔디를 가득 넣어보세요.

FÊTE D'ANNIVERSAIRE
생 일 파 티

생일 축하합니다~♪. 모두들 축하해줘서 고마워요.

GÂTEAU ENTIER
하얀 홀케이크 (주 : 홀케이크 조각이 아닌 케이크 한 판)

6개의 서랍을 열면
작은 딸기무늬가 가득해요.

GÂTEAU ENTIER 만드는 법 P.61
핑크 홀케이크

여성스러운 핑크로 그녀의 마음을
설레게 해요.

GÂTEAU CARRÉ 만드는 법 P.82
사각 케이크

깔끔한 사각형 박스에
리본과 브레이드를 이용해 예쁘게 꾸며보세요.

GÂTEAU
D'ANNIVERSAIRE-BOÎTE 만드는 법 P.71
생일 케이크 상자

리본을 풀어 상자를 열면 그 안에
작은 상자로 되어있는 새하얀 케이크가!
메시지카드를 끼워서 신물해보세요.

PATISSERIE À PARIS

파 리 의 케 이 크 가 게

보석처럼 빛나는 스위츠에 넋을 잃고 매혹되어

MOUSSE EN COEUR 만드는 법 P.51
하트 무스

밋밋해 보이는 하트상자도,
세련된 소재로 꾸미면 마치 고급스러운
스위츠로 변신해요.

QUATRE-QUARTS 만드는 법 P.56
파운드 케이크

자르지 않은 파운드 케이크는
포크 정리용으로 활용하세요.

PETIT QUATRE-QUARTS 만드는 법 P.93
미니 파운드 케이크

잘라 놓은 케이크는 식탁의 소소한 것들을
정리할 때 활용하세요.

CAFÉ DANS LA PIÈCE

독서 타임으로 한숨 돌리고서

이런저런 생각에 잠겨 느긋하게 시간을 보내는 커피타임

GAUFRE 만드는 법 P.91
와플

세워도 눕혀도 예쁜 모양이에요.
색이 다른 것끼리 겹쳐도 매우 좋아요!

Doughnut-Beignet 만드는 법 P.85
베이네도넛(속이 빈 도넛)

원형 박스를 조금 더 궁리하여 도넛으로 꾸몄어요.
안쪽의 도트 무늬로 귀엽게…….

ECLAIRE 만드는 법 P.90
에클레어

둥그런 모양이 우아해 보이죠!
소중한 시계의 보관함으로 좋아요.

FÉTE DE MARIAGE

웨 딩 파 티

순백의 드레스에 둘러싸여 축복의 샤워를 하며 여행을 떠나는 날!

CÂTEAU DE MARIAGE ROND 만드는 법 P.86

원형 웨딩 케이크

3단의 동그란 상자는 각각 수납이
가능한 훌륭한 아이템

COUVERCLE DE PARFAIT 만드는 법 P.92

파르페 뚜껑

평상시 쓰던 유리잔에 자질구레한 물건들을 쏘옥 넣어보세요.
나란히 놓으면 모자 세트 같아요.

CÂTEAU DE MARIAGE CARRÉ 만드는 법 P.87
사각 웨딩 케이크

사용하기 편리한 인기 만점의 사각 상자예요.
새하얀 꽃들로 한층 더 우아해 보이죠!

CÂTEAU DE MARIAGE ROND 만드는 법 P.86
원형 웨딩 케이크

세련된 모자 같은 모양의 2단 원형 케이크에
소중한 웨딩의 추억을 채워 넣어요.

FÉTE DE NOËL
크리스마스 파티

성스러운 밤 따뜻한 방에서 가족들과 이야기를 나누는 즐거운 한때

CÂTEAU DE ROULE 만드는 법 P.66
롤케이크

타올지와 소용돌이 모양의 브레이드가
진짜 롤케이크 같아 먹고 싶어요!

MAISON EN PAIN D'ÉPICE 만드는 법 P.94

과자의 집

눈 내린 지붕을 열면 넉넉한 수납공간이 나타나요!
과자를 가득 넣어 선물해도 좋아요.

CONFITURE 만드는 법 P.88
콩피츄르

젬병을 넣거나,
작은 물건을 넣어서
예쁘게 꾸며요

MORCEAU DE GÂTEAU 만드는 법 P.84
조각 케이크

6개를 만들어
홀 케이크처럼
만들어도 좋아요.

기본 도구와 재료

까또나주에 빠져서는 안 될 기본적인 재료와 도구를 소개합니다.
이 책에서는 [기본 세트]를 ★로 표시해두었어요.

★ **원단용 가위**
종이용 가위
끝이 뾰족하고
잘 드는 것

★ **핑킹가위**
곡선 부분의 시접을
자를 때 사용

★ **커터**
손잡이가 큰 것이
판지를 자를 때
편합니다.

회전식커터
원단을 자를 때 사용하며
원단이 틀어지지 않게
바르고 깨끗하게 자를 수
있습니다.

★ **커팅매트**
판지나 원단을 자를 때
매트 위에서 작업하면 책상이
상하지 않습니다.

원형커터
판지를 원형으로 자를 때,
간단히 자를 수 있으며
단면도 깨끗합니다.

★ **자**
뒤쪽에 미끄럼 방지가 되어있는 것이 좋아요.
커터를 사용할 때는 금속제가 좋아요.

모눈자
폭이 넓은 것은 직각을 그릴 때 편리해요.

각도기
각을 잴 때
사용해요.

삼각자
30도, 60도, 90도를
잴 때 편리해요.

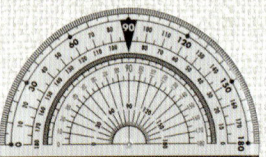

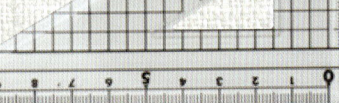

컴퍼스
큰 원을 그릴 때는
연필을 끼워서
쓰는 것이 편리해요.

★ **샤프연필**
판지에 도안을 그릴
때나 판지와 원단의
길이를 조절할 때
표시용으로 사용해요.

★ **폴더**
얇은 것이 사용하기
편리하며 끝이
뾰족한 것이 각을
눌러줄 때 편리해요.

★ **붓, 솔**
탄력이 있는 것이
접착제를 바르기 쉬워요.

★ **접착제**
판지용과 원단용이
있어요.

스틱 풀
접착제가 스며들기
쉬운 소재의
밑 처리를 할 때
사용해요

순간접착제
젤리 상태가 쓰기
편하며 원단에
스며들지 않도록
주의하세요.

물테이프 또는 마스킹테이프
여러 가지 색이 있으나
판지 색과 비슷한
색으로 선택하면
눈에 띄지 않아요.

분무기
물 입자가 작을수록
좋으며 원단의
주름을 펼 때나
판지에 굴곡을 줄 때
사용해요.

다리미
들뜬 원단을
붙여줄 때
사용해요.

송곳
장식용구를 달거나
구멍을 뚫을 때
사용해요.

줄, 사포
판지의 단면이나
거친 면을 매끄럽게
할 때 사용해요.

★ **집게**
판지나 원단을
단단히 고정할 때
사용해요.

스펀지(5mm 두께)
뚜껑을 도톰하게 만들 때
사용해요. 너무 두꺼우면
원단 가장자리에
주름이 생기니 조심하세요.

원단
면, 리넨 등을 사용하며
얇고 무늬가 없는 면 원
단은 접착제가 스며들거
나 비칠 수 있으므로 접
착제를 얇게 잘 펴서 발
라주세요. 원단은 종류
당 110cm * 50cm 크기
로 구입하면 충분해요.

구입 point
무늬 있는 것만을 고
르지 말고 같은 색
계열의 무지, 체크,
물방울무늬, 줄무늬
등의 원단과 함께 구
입하면 다양하게 연
출할 수 있어요.

쇠장식
서랍의 손잡이에 사용

종이

2mm 판지
하드보드지, 폼보드지, 우드락 등 본체에 주로 2mm 두께의 판지를 사용
두께 1.5~2.5mm의 판지로 대용해도 됨

1mm 판지
하드보드지, 우드락 등 2mm 판지보다 구부리기 쉬워 둥글게 곡선을
만들 때 많이 사용. 두께 1~1.5mm의 판지도 사용 가능

0.5~0.8mm 판지
마분지, 켄트지 등

배접지(안쪽 보강용)
두꺼운 화선지, 얇은 도화지 등

색도화지
상자 아랫면에 사용하며 원단으로도 사용 가능

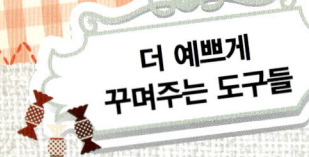

더 예쁘게
꾸며주는 도구들

상자를 완성한 후 꽃이나 레이스를 곁들여서
스위츠 상자를 더 예쁘고 근사하게 꾸며보세요.

조화
장미. 카네이션.
잎사귀 등

드라이플라워
솔방울. 계피 등

과일장식
딸기, 체리,
블루베리 등

스위츠 데코레이션
캐러멜, 와플,
쵸콜릿 등

브레이드, 레이스, 리본

브레이드
케이크의 크림을 나타내고 싶을 때 사
용. 특히 잎사귀 모양 브레이드는 크림
의 이미지에 잘 어울림. 0.9~1.5cm 폭
이 쓰기 좋고 여러 가지 종류가 있으므
로 다양하게 연출이 가능

레이스
0.9~1.5cm 폭이 많이 쓰이며, 다양한
색깔과 폭의 제품이 있으므로 좋아하는
모양으로 연출이 가능

리본
지그재그리본, 방울리본 등 다양한 리본
을 이용해 자유자재로 이용할 수 있음.

비즈류
비즈, 진주, 크리스털
등으로 악센트를 넣어
줄 때 사용

철사
줄기의 길이나
강도를 보강할 때
감아서 사용

플로럴테이프
꽃의 줄기를
감을 때 사용

오아시스
꽃의 길이를 조절할 때
받침대로 사용

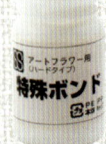

아트플라워용 본드
꽃이나 열매를
고정할 때 사용

DIY 재료 구입처
리본카페 www.ribboncafe.com

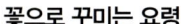

꽃으로 꾸미는 요령

Point 1. 작은 작품에는 꽃의 높이가 낮은 것이 사용하기에 좋습니다.

Point 2. 꽃의 길이나 강도가 부족할 때는 철사를 덧대어 플로럴테이프로 감아서 보강해 줍니다.

Point 3. 키를 높이고 싶으면 작게 자른 오아시스로 받침대를 만들어 줄기에 접착제를 묻혀 꽃이나 열매를 꽂아줍니다.(오아시스는 생화용과 조화용 둘 다 좋아요)

Point 4. 꽃이 너무 크면 꽃잎을 잘라내어 적당한 크기로 조절해줍니다.

꽃을 장식하는 방법

1. 조화용 접착제를 충분히 폴더로 덜어내 꽃을 꾸밀 장소에 바릅니다.
2. 어느 방향에서 봐도 예쁘도록 균형을 잘 잡아서 꽃을 장식하고 열매나 잎도 넣어주면 색이 잘 어우러집니다.
3. 접착제가 굳도록 반나절 정도 놔두면 완성됩니다. 글루건을 이용해도 좋습니다.

브레이드, 레이스, 리본의 사용 요령

Point 1. 브레이드나 레이스는 자를 곳에 접착제를 바른 뒤 자르면 올이 덜 풀립니다.

Point 2. 잎사귀 모양 브레이드는 사선으로 짜여있으므로 모양에 맞추어 사선으로 자른 뒤 반대쪽 끝과 연결시켜주면 연결 부위가 눈에 띄지 않고 깔끔하게 마무리됩니다.

Point 3. 새틴리본은 접착제가 스며들기 쉬우므로 스틱풀로 칠한 뒤에 접착제를 바릅니다.

간단한 보우를 만드는 방법

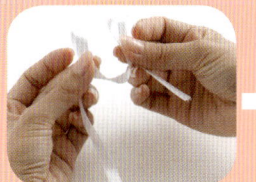

1. 양손으로 고리를 하나씩 만듭니다.
2. 한쪽 고리로 다른 한쪽의 고리를 돌려주어 끼운 뒤 빼줍니다.
3. 모양을 정리합니다.
4. 조화용 접착제를 칠한 뒤 먼저 붙여놓은 리본 위에 붙여줍니다.

완성!

꼭 기억해둘 기본 테크닉

판지를 자를 때

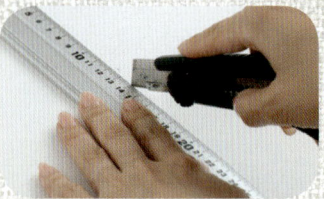

1. 한 번에 자르려고 하면 삐뚤어질 염려가 있으므로 처음에는 힘을 주지 말고 샤프펜슬로 그린 선을 덧그린 뒤 홈이 파이면 힘을 주어 자릅니다.

2. 접은 선에 칼자국을 낼 때는 판지의 1/3 정도 깊이까지 칼날을 넣어주는 것이 좋습니다.

면 다듬기를 할 때

3. 자를 선에서 자를 약간 비껴놓고 칼날의 각도를 45도 기울여 비스듬히 자릅니다. 자른 면이 깨끗하지 않을 땐 사포로 문질러주면 좋아요.

원형으로 자를 때

1. 커다란 원을 그릴 땐 컴퍼스에 긴 연필을 끼워 사용합니다.

2. 원형으로 자를 경우 보통 쓰는 커터로 자르면 깨끗하게 자르기 어려우나 원형 커터로 자르면 깨끗하게 자를 수 있습니다.

3. 잘린 면은 폴더나 사포로 정리해주면 깨끗해지며 작업도 손쉬워집니다.

곡선의 시접 처리

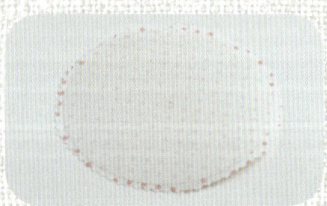

둥근 상자의 곡선 부분의 시접은 5mm 정도의 폭을 남기고 핑킹가위로 자릅니다. 핑킹가위가 없을 때는 일반가위도 좋아요. 단 시접 부분은 5mm 폭 이내로 해줍니다.

판지를 조립할 때

밑의 좌우 단면에 접착제를 바르고 좌우 측면을 붙여 "ㄷ"자로 만듭니다.

1. "ㄷ"자형을 세운 뒤 접착제를 바르고 앞면과 뒷면을 붙입니다.
2. 이렇게 하면 앞에서 볼 때 판지의 단면이 보이지 않아 작품이 깨끗하게 됩니다. 접합 부분의 틈새는 접착제로 메꿔줍니다.

point 작은 상자는 기본적으로 접착제만으로 조립이 가능하나 곡선 부분은 접착제만으로는 어려울 때가 있습니다. 그럴 땐 테이프로 보강해줍니다.

판지를 구부릴 때

판지 방향을 세로로 놓습니다. 양손으로 잡고 구부려봤을 때 쉽게 구부러지는 방향이 세로입니다.

두꺼운 판지는 분무기로 가볍게 뿌려주어 종이섬유가 부드러워진 뒤 구부리면 곡선을 만들기 쉽습니다. 한쪽만 하얀 판지는 하얗지 않은 쪽에 가볍게 분무해주세요.

1. 접착제가 뭉치면 원단에 스며 들기 쉬우므로 얇게 골고루 발 라줍니다.

2. 원단의 중심에서 바깥쪽으로 살짝 쓰다듬듯이 공기를 빼면 서 붙입니다.

point 줄무늬나 체크무늬는 삐뚤 어지면 눈에 띄므로 주의합니다.

안쪽 면에 원단 1장만으로 댈 때 처음 시작하는 부분의 2cm 정도에는 접 착제를 바르지 말고 그 뒤부터 뱅 둘러 붙입니다. 붙일 때 각을 확실하게 폴더로 눌러줍니다.(각이 수직이 안 되면 원단이 비스듬히 경사지게 됩니다.)

1. 잘못 붙여 수정을 할 때는 솔이 나 분무기로 수분을 머금게 합 니다.

2. 그런 뒤 살살 떼어내면 판지가 상하지 않습니다. 그런 뒤 원 단과 판지가 마르게 되면 다시 붙입니다.

1. 원단을 붙인 후 원단이 들떴을 땐 2. 들뜬 부분을 다림질 해줍니다.

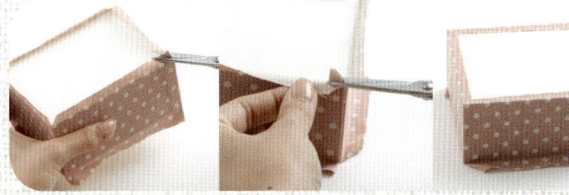

붙일 때 원단이 겹치는 것을 피하기 위해 4곳의 각 부분 을 전부 집어서 45도로 잘라 냅니다.

원단이 겹쳐있는 이음새 는 안쪽의 원단을 잘라냅 니다.

시접만큼만 접착제를 상자 에 바르고 시접 부분을 꺾어 붙입니다.

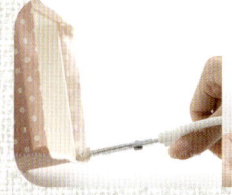

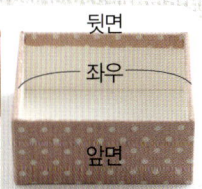

뒷면

좌우

앞면

1. 남겨진 시접의 4 꼭짓점 에서 모서리 연징신 위에 2mm만 남기고 수직으로 가위집(자른 선)을 넣어줍 니다.

2. 원단이 겹쳐있는 이음 새는 인쪽의 원단을 잘 라냅니다.

3. 시접의 꼭지각이 30도 정도의 심각형이 되도 록 4군데를 잘라냅니 다.

4. 좌우 시접의 양끝을 당 겨주면시 인쪽으로 접 어 넣어 붙입니다.

5. 앞뒤 쪽의 시접도 당겨주 면시 덮듯이 접어 넣이 붙입니다.

#1
마카롱
(Macaron) P.8

(단위; cm)

완성 크기
지름 6×높이 4

1. 도구(기본 세트 이외)

• 원형커터
• 컴퍼스
• 사포

2. 재료(판지는 도안을 참고)

• 원단1(뚜껑, 바닥) / 핑크– 지름 8 2장
• 원단2(옆면 바깥) / 핑크물방울무늬 – 20×2.5 2장
• 원단3(안 바닥) / 핑크물방울무늬 – 지름 7 2장
• 원단4(안쪽 옆면) / 핑크물방울무늬 – 20×2.5
• 스펀지(5mm 두께) – 지름 6 2장
• 브레이드, 레이스 등 – 20 2개

3. 도안

[2mm 판지]

뚜껑 A, 바닥 A

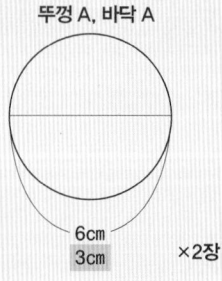

6cm
3cm   ×2장

[1mm 판지]

옆면 B

종이결

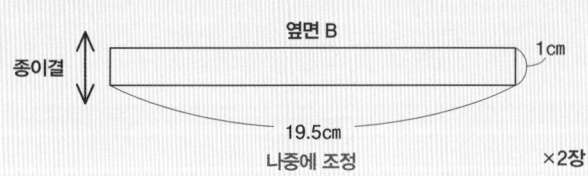

1cm

19.5cm
나중에 조정   ×2장

[0.5〜0.8mm 판지]

안뚜껑 C, 안바닥 C

6cm
3cm   ×2장

안옆면 D

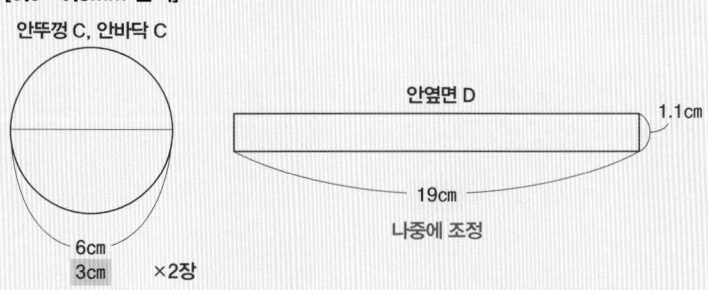

1.1cm

19cm
나중에 조정

1. 옆면 B 2장과 안옆면 D를 잘라서 둥 그렇게 만들어 집게로 고정해줍니다.

2. 뚜껑 A의 주위에 옆면 B를 대고 길 이를 조정하여 표시하고 수직으로 선을 그어 여분을 잘라냅니다.

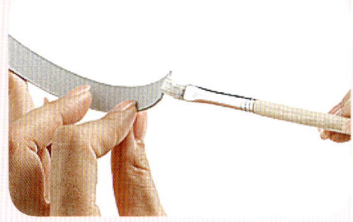

3. 옆면 B의 접합 부분에 접착제를 바 릅니다.

4. 옆면 B의 양끝을 모아 원을 만들고 테이프를 붙여 고정합니다.

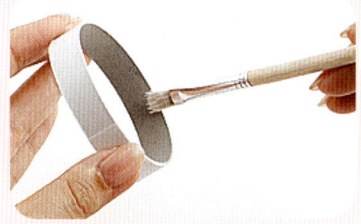

5. 옆면 B의 옆면 안쪽의 끝선에서 2mm 폭까지 접착제를 바릅니다.

6. 위에서 뚜껑 A를 끼워 넣습니다.

7. 옆면 B의 안쪽 면(접착제를 바른 부 분)을 뚜껑 A와 접착시켜줍니다.

8. 뚜껑 A의 바깥쪽에 스펀지를 붙이 고 뚜껑에 맞추어 잘라냅니다.

9. 스펀지의 각을 정성들여 비스듬히 사선으로 잘라내 매끈한 곡선이 되게 합 니다.(면 다듬기)

10. 원단1에 컴퍼스로 지름 8cm 원을 그려서 선 안쪽을 핑킹가위로 자릅니다.(원단의 남는 부분이 있으면 접어서 뒤집을 때 주름지기 쉬우므로 딱 맞는 사이즈로 자릅니다.)

11. 옆면 바깥에 접착제를 칠합니다. 이때 스펀지에 접착제가 묻지 않도록 조심하세요(스펀지가 접착제를 흡수하면 원단이 얼룩지기 쉬워요).

12. 핑킹가위로 잘라놓은 원단1의 중앙에 상자를 놓은 뒤 살며시 엎어놓습니다.

이곳은 특히 신경써서

13. 원단1을 상하, 좌우, 사이사이 대각선 방향으로 늘려가며 주름지지 않게 붙여줍니다.

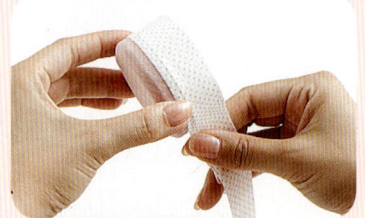

14. 본체 옆면 바깥에 접착제를 바르고 원단2를 붙입니다. 자른 선 그대로 붙여줘도 무방합니다.

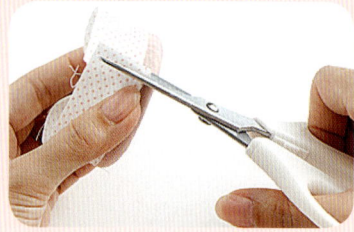

15. 한 바퀴 둘러주어 붙이고 끝부분은 5mm 정도 겹쳐지게 잘라서 붙여줍니다.

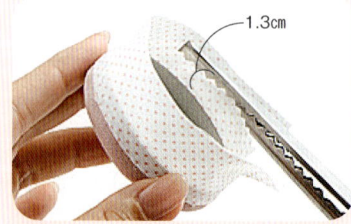

1.3cm

16. 본체 옆면의 윗부분에 나와 있는 시접은 1.3cm 폭 정도 남기고 핑킹가위로 잘라줍니다.

17. 본체 옆면 안쪽과 바닥 면의 경계에서 1cm 안쪽까지 접착제를 바르고 시접을 안쪽으로 접어 바닥 부분까지 붙여줍니다.

18. 손가락으로 원단 2를 잡아 당겨가면서 주름지지 않게 붙입니다.

19. 안뚜껑 C에 원단3을 붙입니다. 이때 시접을 5mm 정도 남겨 핑킹가위로 잘라 뚜껑 뒤쪽으로 붙여줍니다.

20. 본체 안바닥에 접착제를 바르고 안뚜껑 C를 넣어줍니다.

21. 폴더로 눌러주면서 단단히 붙입니다.

22. 1~21까지의 방법으로 다시 한 개를 더 만듭니다.

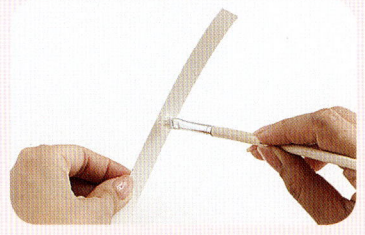

23. 1에서 만들어둔 안옆면 D에 본드를 칠합니다.

24. 좌우가 1:2의 비율이 되도록 시접을 남기고 안옆면 D에 원단 4를 붙입니다.

25. 안옆면 D의 시접을 뒤쪽으로 보내 붙여줍니다.

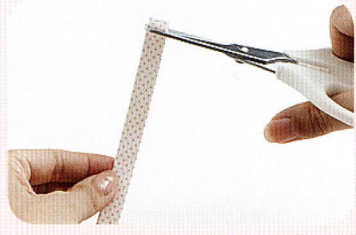

26. 양끝의 남는 부분은 잘라냅니다.

27. 원단을 붙인 안옆면 D를 본체의 안쪽에 끼워 넣고 양끝이 정확히 맞물리는 곳을 표시해둡니다.

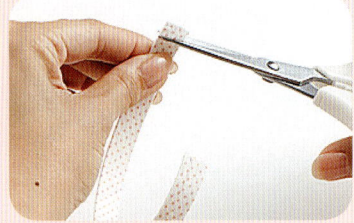

28. 표시된 곳을 똑바로 잘라줍니다.

29. 본체의 옆면 안쪽에 접착제를 바릅니다.

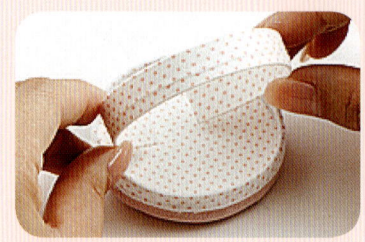

30. 본체의 옆면 안쪽에 28에서 만든 안옆면 D를 끼워 넣습니다.

31. 안옆면 D의 좌우 한쪽에 접착제를 묻혀 끝이 딱 맞게 붙여줍니다.

32. 접착제가 마르도록 놓아둡니다.

33. 바깥쪽 옆면의 원단 선을 브레이드로 가리면서 붙입니다.(다른 하나도 같은 방법으로 붙입니다.)

34. 앞에서 완성된 본체에 22에서 만들어 놓은 뚜껑을 덮어서 꼭 들어맞으면 완성입니다.

#2
하트 무스
(Mousse en coeur) P.23
(단위: cm)

완성 크기
가로 15×세로 15×높이 6
(꽃 부분 제외)

(Mousse en coeur) P.23

꽃 재료

〈갈색 하트〉
• 파레트 장미 – 5개
• 매 2개
• 베리 – 적당히
• 장식용 잎사귀 – 1개
• 진주 구슬 – 약간

〈핑크 하트〉
• 파레트 장미 – 3개
• 미니라즈베리 – 8개
• 블루베리 – 5개
• 프렌다베리 – 약간
• 진주 구슬 – 약간

1. 도구(기본 세트 이외, 기본 세트는 P.40)

• 분무기
• 사포

2. 재료(판지는 도안을 참고)

• 배접지1(안쪽 바닥)···15×15
• 배접지2(안쪽 옆면)···46×4.5(길이는 나중에 정함)
• 원단1(옆면 바깥)/갈색줄무늬···49×7
• 원단2(바닥 안쪽)/핑크···15×15
• 원단3(안옆면)/핑크줄무늬···48×6
• 원단4(겉 바닥)/갈색···17×17
• 원단5(뚜껑)/갈색···17×17
• 원단6(속뚜껑)/핑크물방울···17×17
• 스폰지(5mm 두께)···16×16
• 브레이드/갈색···50

3. 도안

[2mm 판지]

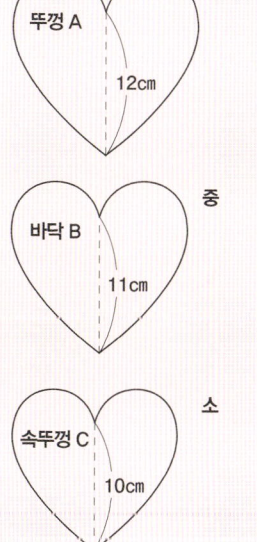

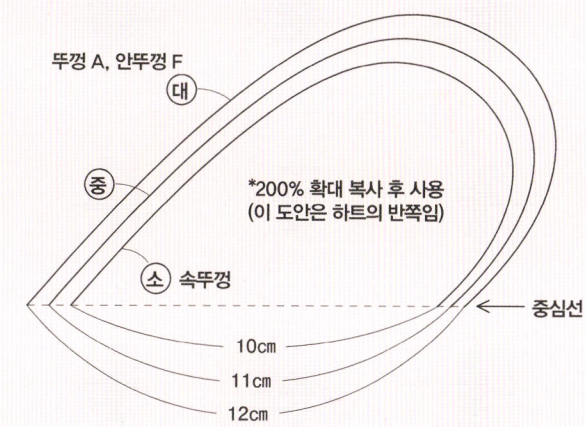

뚜껑 A, 안뚜껑 F
대
중
소 속뚜껑

*200% 확대 복사 후 사용
(이 도안은 하트의 반쪽임)

중심선

10cm
11cm
12cm

[1mm 판지]

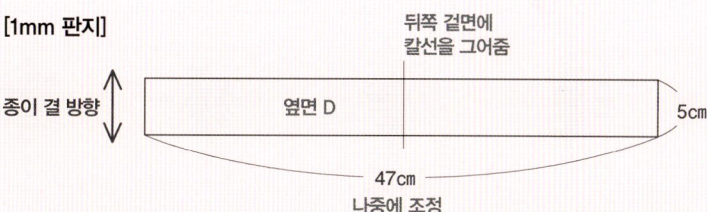

종이 결 방향

옆면 D

뒤쪽 겉면에
칼선을 그어줌

5cm

47cm
나중에 조정

[0.5~0.8mm 판지]

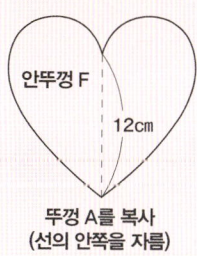

안뚜껑 F

12cm

뚜껑 A를 복사
(선의 안쪽을 자름)

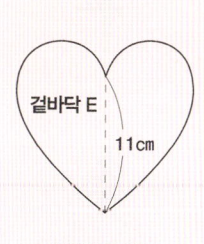

겉바닥 E

11cm

바닥 B를 복사

1. 본을 200% 확대 복사해서 2mm 판지에 뚜껑 A(대), 바닥 B(중), 속뚜껑 C(소)의 본을 각각 떠줍니다.

2. 0.5~0.8mm 판지에, 안뚜껑 F(대)와 겉바닥 B(9중)의 본을 떠서 자르고, 배접지1에 바닥 B를 복사합니다.

3. 옆면 D를 바닥 B에 대줍니다. 하트의 움푹 들어간 곳부터 시작하고 뾰족한 곳을 표시해둡니다.

4. 하트의 뾰족한 곳에 닿을 부분이 표시된 곳을 접어서 옆면 D가 산 모양이 되게 합니다.

5. 옆면 D의 끝부분을 하트의 패인 곳에서 맞물리도록 표시하여 남는 부분을 잘라냅니다.

6. 바닥 B의 단면에 접착제를 바릅니다.

7. 옆면 D를 하트의 들어간 패인 곳부터 붙여나가며, 옆면 D가 맞물려지는 끝단면의 한쪽에 접착제를 발라 붙여줍니다.

8. 접합 부분을 테이프로 안쪽과 바깥쪽에서 보강해줍니다.

9. 옆면 D의 바깥쪽에 접착제를 발라 원단1의 시접을 1cm 남기고 하트의 파인 부분부터 붙여나갑니다.

10. 원단1의 끝부분은 하트의 패인 부분을 폴더로 눌러 표시한 곳에서 시접을 1cm 남기고 잘라냅니다.

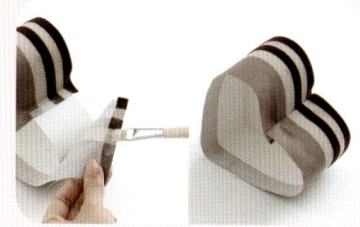

11. 시접 1cm 부분을 안쪽으로 접어 넣어 패인 부분에 맞춰지도록 깔끔하게 붙입니다.

12. 바닥 쪽에 나와 있는 원단은 5mm 정도의 시접만 남기고 핑킹가위로 잘라냅니다.

13. 하트의 패인 부분 바닥 쪽 시접에 가위집을 넣어줍니다.

14. 패인 곳에서 원단이 겹치면 안쪽에 놓인 원단을 상자의 바닥 높이에 맞춰 잘라줍니다.

15. 하트의 뾰족한 부분의 시접은 가위로 집어 삼각형으로 잘라내고 시접을 전부 바닥 쪽으로 넘겨 붙여줍니다.

16. 본체 옆면의 위쪽으로 나온 시접은 옆면의 안쪽으로 접어 넣어 붙여줍니다. 하트의 패인 부분은 수직으로 가위집을 넣고 원단이 겹쳐있는 부분은 안쪽의 원단을 잘라냅니다.

17. 안쪽으로 접어 넣을 때 하트의 파인 부분은 2장의 원단이 겹쳐지게 하여 사이가 벌어지지 않도록 합니다.

18. 하트의 뾰족한 부분의 시접도 판지의 두께 1mm만 남기고 가위집을 넣어줍니다.

19. 하트의 테두리 부분의 시접을 1cm 정도 남기고 나머지는 잘라냅니다. 옆면의 안쪽 1cm부분에 접착제를 발라 접어 넣어 붙여줍니다.

20. 2에서 잘라놓은 배접지1에 원단 2를 붙여 시접을 5mm 남겨놓고 핑킹가위로 하트 모양으로 자릅니다.

21. 하트의 파인 곳에 가위집을 넣고 뾰족한 부분은 잘라냅니다.

22. 본체의 바닥과 옆면과의 경계 위 1cm까지 접착제를 바르고 20에서 만들어 놓은 배접지 원단2를 그대로 끼워 넣어 폴더로 잘 눌러 붙여줍니다.

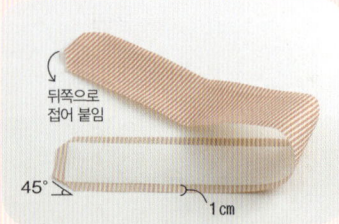

23. 배접지2를 본체의 안쪽에 넣어 길이를 조절하여 원단3을 붙이고 시접은 1cm 남기고 남는 원단은 잘라냅니다. 4개의 꼭짓점은 45도로 잘라 짧은 쪽 1곳만 남기고 나머지 3군데는 시접을 뒤쪽으로 접어 붙입니다.

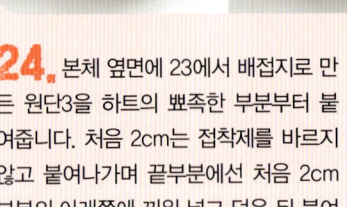

24. 본체 옆면에 23에서 배접지로 만든 원단3을 하트의 뾰족한 부분부터 붙여줍니다. 처음 2cm는 접착제를 바르지 않고 붙여나가며 끝부분에선 처음 2cm 부분의 아래쪽에 끼워 넣어 덮은 뒤 붙여줍니다.

25. 2번 과정에서 준비해놓은 겉바닥에 원단4를 붙여 5mm 시접을 남기고 핑킹가위로 잘라내고 시접을 뒤쪽으로 넘겨 붙여줍니다. 본체 바닥의 바깥쪽에 원단을 붙인 겉바닥을 붙입니다.

26. 뚜껑 A에 스펀지를 붙이고 스펀지의 자른 면을 면 다듬기 하여 매끄러운 곡선을 만듭니다.

27. 원단 중앙에 뚜껑 A를 놓고 시접을 1cm 남기고 핑킹가위로 잘라냅니다. 그런 뒤 하트의 파인 곳에 판지와 스펀지의 두께만큼 남기고 가위집을 넣어줍니다.

28. 하트의 뾰족한 부분의 시접은 잘라내고, 뚜껑A의 가장자리로부터 1cm 폭에 접착제를 바르고 시접을 붙입니다. 뚜껑 A의 단면에 접착제가 묻으면 원단이 틀어질 수 있으니 주의합니다.

29. 하트의 파인 부분의 판지가 보일 때는 삼각형의 원단 조각을 대어 붙여줍니다.

30. 안뚜껑 F의 중앙에 속뚜껑 C를 붙입니다.

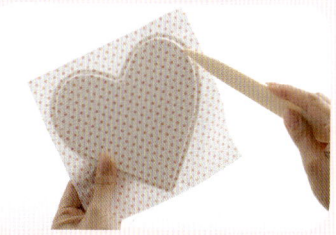

31. 속뚜껑 C쪽에 원단6을 붙여 폴더로 눌러가며 골고루 붙여줍니다.

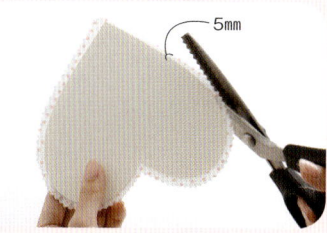

32. 시접 5mm 정도를 남기고 핑킹 가위로 하트 모양으로 자릅니다.

33. 하트의 파인 부분에 판지의 두께만큼만 남기고 가위집을 넣어주고 뾰족한 부분은 잘라냅니다.

34. 원단6의 시접을 접어 넣어 붙이고 속뚜껑 F를 뚜껑 A 뒷면에 붙입니다.

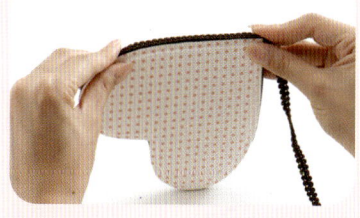

35. 뚜껑 A의 단면에 브레이드를 붙입니다.

36. 파레트 장미 등 꽃으로 꾸며주고 베리 열매로 사이사이 메꿔준 후 잎사귀 장식을 곁들이면 완성됩니다.

#3
파운드 케이크
(quatre-quarts) P.24
(단위; cm)

꽃 재료
- 카네이션 3송이,
- 파레트 장미 3송이
- 미니라즈베리 6개
- 에덴베리 5개
- 오렌지 슬라이스 반쪽 3개
- 시나몬스틱 6개
- 잎 약간

완성 크기
가로 23×세로 8×높이 6
(꽃 부분은 제외)

1. 도구(기본 세트는 P.40 참고)
- 기본 세트 이외 특별히 없음

2. 재료(판지는 도안을 참고)
- 배접지1(안바닥)···21.6×7.6
- 배접지2(안옆면)···59×4.5
- 도화지1(겉바닥)/오렌지···21×7
- 원단1(옆면 바깥)/오렌지···62×8
- 원단2(경첩)/오렌지···21.5×4
- 원단(뚜껑)/밤색···26×12
- 원단4(안바닥)/오렌지 물방울무늬···24×10
- 원단5(안옆면)/오렌지 물방울무늬···61×7
- 원단6(안뚜껑)/오렌지 물방울무늬···24×10
- 원단7(겉뚜껑)/진밤색···25×10
- 스펀지(5mm 두께)···22×7.5
- 리본 ─ 95

3. 도안

[2mm 판지]

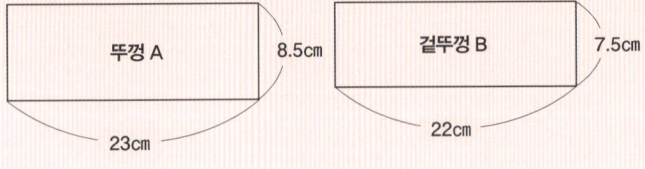

뚜껑 A — 8.5cm / 23cm

겉뚜껑 B — 7.5cm / 22cm

[0.5~0.8 판지]

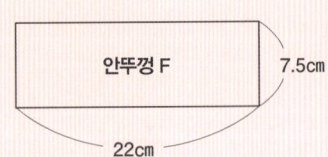

안뚜껑 F — 7.5cm / 22cm

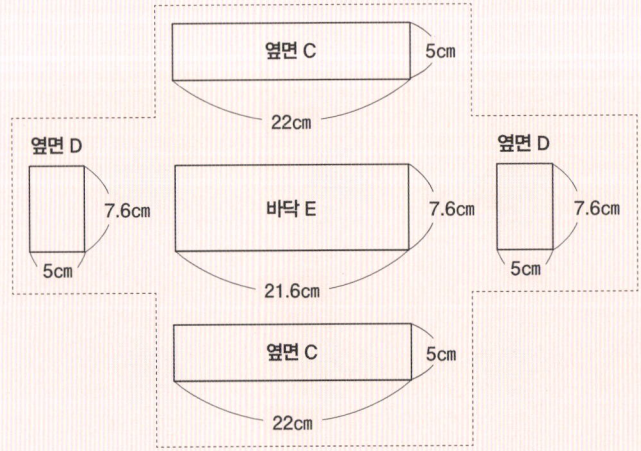

옆면 C — 5cm / 22cm

옆면 D — 7.6cm / 5cm

바닥 E — 7.6cm / 21.6cm

옆면 D — 7.6cm / 5cm

옆면 C — 5cm / 22cm

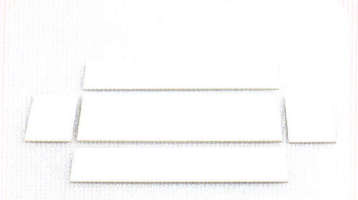

1. 옆면 C, D, 바닥 E를 나란히 놓고 전후좌우를 확인합니다.

2. 바닥 E의 단면에 접착제를 발라 옆면 D, 바닥 E를 ㄷ자로 조립합니다.

3. 같은 방법으로 바닥 E의 앞뒤 단면에 접착제를 발라 옆면 C도 조립하여 상자 모양으로 만들어줍니다.

4. 처음 시작할 때 시접을 1cm 남기고 상자 윗시접과 아랫시접의 비율을 1:2가 되도록 원단1을 상자 옆면에 붙입니다. 끝나는 곳에도 시접을 1cm 남긴 후 안으로 접어 모서리 선에 맞추어 붙입니다.

5. 바닥의 시접은 네 꼭짓점의 시접을 가위로 집어 남는 부분을 자릅니다.

6. 시접이 겹쳐진 곳은 안쪽의 시접을 잘라냅니다.

7. 시접 폭만큼만 본체에 접착제를 바르고 시접들을 바닥 면으로 접어서 붙입니다.

8. 도화지1을 바닥 바깥에 붙입니다.

9. 뒷면의 시접은 경첩이 될 부분이므로 좌우 양쪽에서, 모서리의 연장선에 수직으로 가위집을 넣어줍니다.

10. 앞쪽의 시접은 양끝 모서리 연장선에 상자 두께 2mm를 남기고 가위집을 넣어줍니다.

11. 겹쳐진 부분의 시접은 안쪽 시접을 잘라냅니다.

12. 10의 맞은편 양끝 시접을 30도 정도 잘라냅니다.

13. 짧은 변의 시접을 팽팽히 당겨 안쪽으로 넣어 붙여줍니다.

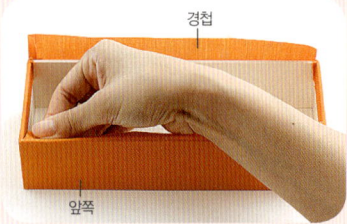

14. 양끝을 당겨주면서 앞쪽의 시접을 안으로 넣어 붙입니다.

15. 뒤쪽 옆면 안쪽과 단면의 시접에 접착제를 바르고, 경첩이 될 형겊2를 가로 폭보다 1mm 짧게 잘라 팽팽히 당겨 딱 맞게 붙입니다.

16. 원단2를 폴더로 골고루 문질러주면서 단면 부분도 확실하게 붙입니다.

17. 16에서 붙여놓은 경첩을 끝에서 2mm 정도 자르고 그 위쪽은 45도로 잘라냅니다.

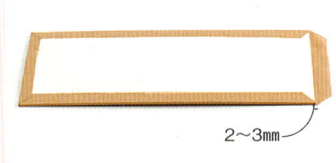

18. 뚜껑 A에 원단3을 붙이고 판지의 네 귀퉁이는 2~3mm를 남기고 45도로 잘라준 뒤 긴 변의 시접을 접어 올려 붙여줍니다.

19. 짧은 변의 각과 단면에 접착제를 얇게 바르고 원단의 각을 세워 잘 붙여줍니다.(붓에 남아있는 접착제를 이용)

20. 시접의 각도를 다시 한 번 45도로 잘 맞춰 자른 후 붙여줍니다.

21. 경첩의 바깥쪽에 접착제를 바릅니다.

22. 경첩에 뚜껑 A(18~20에서 만든)를 붙인 뒤 뚜껑을 닫고 균형을 잘 맞춥니다.

23. 뚜껑을 살짝 열고 원단을 폴더로 잘 문질러주고 무거운 돌을 올려놓습니다. 이 때 돌 대신에 사전이나 두꺼운 책을 올려도 좋습니다.

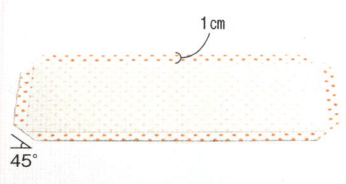

24. 배접지1에 원단4를 붙이고 시접 1cm를 남기고 자른 뒤 네 귀퉁이를 45도로 잘라줍니다.

25. 본체 바닥과 경계선 위 1cm까지 접착제를 바르고, 24에서 만든 속지를 넣고 폴더로 잘 문지르면서 붙여줍니다.

26. 뚜껑과 본체를 고정하기 위해 리본을 테이프로 붙입니다. 테이프는 옆면 D의 위쪽에서 5mm 아래에 붙이며, 이 때 리본이 옆면 위쪽 중앙에 오도록 위치를 잘 조절합니다.

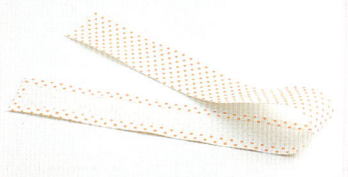

27. 배접지2에 원단5를 붙인 뒤 시접은 1cm 남기고 여분의 원단은 잘라냅니다. 네 귀퉁이를 45도로 잘라낸 뒤 시접을 뒤쪽으로 붙여줍니다.

28. 접착제를 옆면 안쪽 전체에 바르고 27에서 배접한 원단5를 처음 2cm는 접착제를 바르지 않고 모서리에서부터 잘 맞춰 붙여줍니다. 각 모서리 부분의 각을 폴더로 확실하게 눌러주는 것이 포인트.

29. 끝 부분은 처음에 남겨둔 2cm 아래에 넣어 접착제로 붙입니다. 폴더로 잘 문질러가며 붙여줍니다.

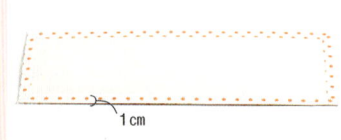

30. 안뚜껑 F에 원단6을 시접 1cm씩 남기고 붙인 뒤 네 귀퉁이를 45도로 자르고 시접을 뒷쪽으로 붙입니다.

31. 안뚜껑을 뚜껑 A의 안쪽에 붙여줍니다.

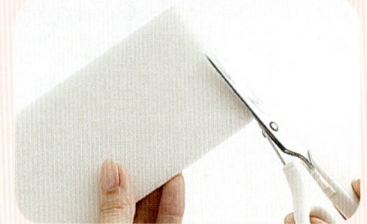

32. 겉뚜껑 위에 스펀지를 붙이고 여분을 잘라낸 뒤 스펀지의 각을 비스듬히 잘라 부드러운 곡선을 만들어줍니다.

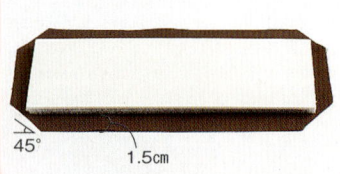

33. 원단7의 위에, 32에서 만든 스펀지를 붙인 겉뚜껑을 놓고 판지와 스펀지의 두께만큼 남기고 네 귀퉁이를 45도로 잘라냅니다.

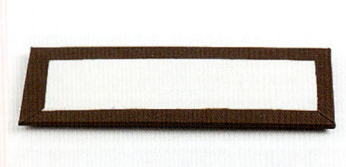

34. 겉뚜껑 B의 단면에 접착제가 묻지 않게 조심하며 각 가장자리에서 1.5cm 폭으로 접착제를 바르고 시접을 접어 올려붙입니다.

35. 뚜껑 A의 중앙에 겉뚜껑 B를 접착제로 붙입니다.

36. 상자 둘레를 리본으로 붙이고 뚜껑 위에는 꽃을 장식하고 사이사이 작은 꽃이나 열매를 메꿔가며 균형 있게 꾸며주면 완성!

#4
핑크 홀케이크
(gâteau entier) P.16

(단위: cm)

완성 사이즈
가로 23×세로 8×높이 6
(꽃 부분은 제외)

꽃 재료

〈흰색 홀케이크〉
• 딸기 – 6개
• 잎 – 적당량

〈핑크 홀케이크〉
• 딸기 5개
• 미니라즈베리 – 10개
• 스몰베리 – 적당량
• 잎 약간

1. 도구(기본 세트 이외, 기본 세트는 P.40)

• 원형커터	• 분무기
• 컴퍼스	• 사포
• 각도기	• 송곳

2. 재료(판지는 도안을 참고)

〈본체〉
• 배도화지1(겉바닥)/핑크…지름 16.5
• 원단1(겉뚜껑)/핑크…20×20
• 원단2(안뚜껑)/핑크…18×18
• 원단3 (바닥)/핑크…19×19
• 원단4(옆면)/딸기무늬…98×5.3
 (49×5.3을 2장 준비해도 좋아요.)
• 스펀지(5mm 두께)…지름 17
• 브레이드/흰색…50

〈서랍〉
• 도화지2(겉바닥)/핑크…지름 13(6등분함)
• 배접지1(안바닥)…지름 13.5(6등분)
• 배접지2(안옆면)…22×4.5(길이는 나중에 조절) 6장
• 원단5(옆면 바깥1)/딸기무늬…16×6.5 6장
• 원단6(겉옆면)/핑크…9.5×7 6장
• 원단7(안바닥)/빨강 체크…지름 18(6등분함)
• 원단8(안옆면)/딸기무늬…24×6.5 6장
• 손잡이…6개
• 브레이드/흰색…150

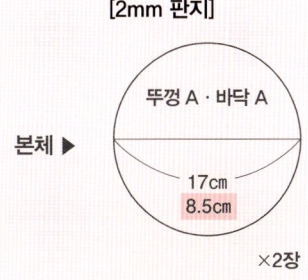

3. 도안

본체 ▶

[2mm 판지]

뚜껑 A · 바닥 A
17cm
8.5cm
×2장

옆면 B
5.3cm
16cm

안쪽을 면 다듬기 함

옆면 C
5.3cm   ×4장
8cm

[0.5~0.8mm 판지]

안뚜껑 D
16.8cm
8.4cm

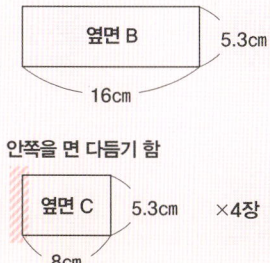

서랍 ▶

[2mm 판지]

사틈
바닥 E
60°
13.6cm
6.8cm

안쪽을 면 다듬기함
22cm
나중에 조절
옆면 F
5cm
6.9cm
바깥쪽에 칼선을 넣어둠
나중에 선 위에 칼선을 넣음
×6장

↕ 종이 결 방향

[0.5~0.8mm 판지]

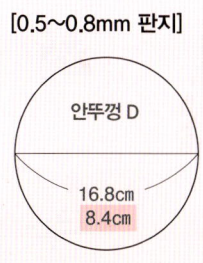

겉옆면 G
5cm
7.5cm   ×6장

나중에 조절

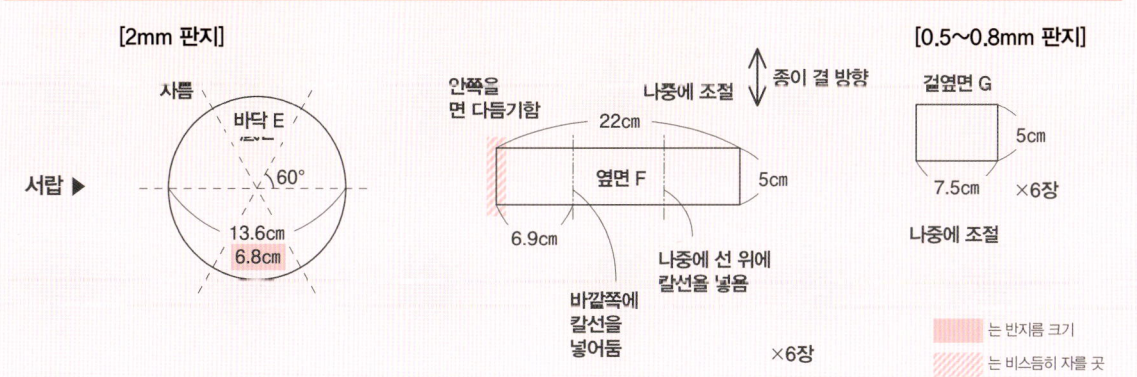

는 반지름 크기
는 비스듬히 자를 곳

1. 뚜껑 A에 스펀지를 붙여 남는 부분은 잘라냅니다. 스펀지의 각을 면 다듬기하여 부드러운 곡선이 되게 합니다.

2. 원단1을 핑킹가위로 지름이 20cm인 원으로 자릅니다.

3. 뚜껑 A의 끝에서 1cm폭에 접착제를 바릅니다. 이때 판지의 단면에는 접착제가 묻지 않도록 주의합니다.(접착제가 묻으면 원단이 밀리게 되므로 주의)

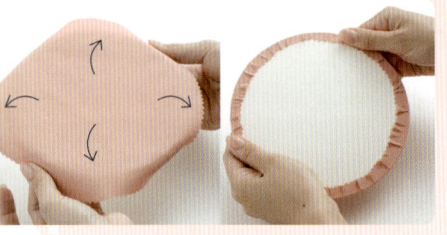

4. 2에서 자른 원단1의 위에 스펀지를 아래로 향하게 하여 뚜껑 A를 놓고 살짝 뒤집어 상하좌우 대각선으로 원단을 당겨 겉에 주름이 잡히지 않도록 해서 시접을 뒤쪽에 붙입니다.

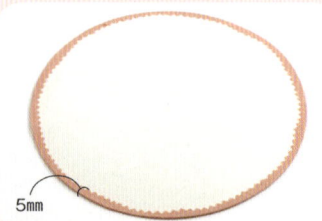

5mm

5. 안뚜껑 D에 원단2를 붙이고, 시접을 5mm 남겨 핑킹가위로 잘라서 뒤쪽으로 붙입니다.

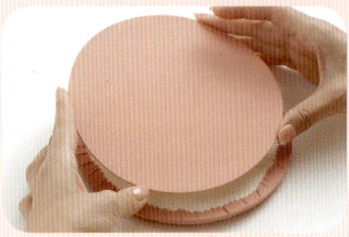

6. 5에 원단2를 붙인 안뚜껑 D를 뚜껑 A의 뒤쪽 중앙에 놓아 붙입니다.

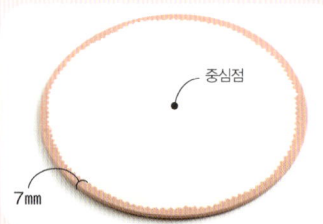

중심점

7mm

7. 바닥 A에 원단3을 붙이고 7mm 시접을 남기고 핑킹가위로 자르고 뒤쪽으로 접어 붙입니다. 원단 위에서 원의 중심점을 표시해둡니다.

8. 도화지 1을 바닥 A에 붙입니다.

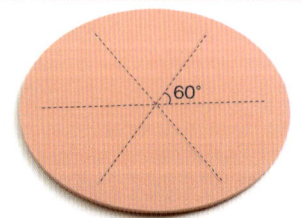

60°

9. 바닥 A의 중심점에서 방사선 형태로 6등분(60도 각도) 선을 3개 연필로 살짝 표시해둡니다.

10. 옆면 C의 한쪽 단면을 30도 정도로 면 다듬기를 합니다(각도는 대략적인 크기).

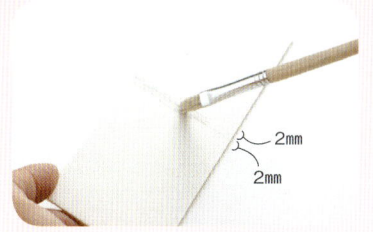

11. 옆면 B의 중심에 수직선을 그어 양쪽으로 2mm 폭에 접착제를 바릅니다.

12. 옆면 C의 비스듬히 자른 단면을 중심선에 맞춰 60도가 되게 접착제로 붙입니다(9에서 선을 그어 놓은 바닥 A에 임시로 놓고 각도를 확인하면 좋음).

13. 옆면 C와 B의 접합 부분에 접착제를 바르고, 테이프로 붙입니다. 테이프는 옆면 높이의 길이로 잘라 놓고, 접착면을 겉으로 해서 세로로 산접기를 해놓으면 붙이기 쉽습니다. 이와 같은 방법으로 6군데를 전부 붙입니다.

14. 옆면 B와 C에 접착제를 바르고, 원단4를 붙입니다. 처음 붙이는 곳의 1cm는 시접으로 남겨 놓습니다. 원단을 붙일 때 아래쪽 끝을 맞추어 붙입니다. 위쪽은 조금 남아도 나중에 잘라내면 됩니다.

15. 원단4를 붙이고 나서 폴더로 끝낼 부분에 표시를 해두어, 표시한 곳을 똑바로 잘라 붙입니다. 옆면의 위아래 여분의 원단과 올이 풀린 실들은 잘라 정리해줍니다.

16. 옆면의 아래쪽 단면에 접착제를 발라 중심점에 잘 맞추어 바닥 A에 붙입니다.

17. 위쪽 단면에도 접착제를 바릅니다.

18. 뚜껑 A를 위에 놓고 무거운 돌을 올린 후 반나절 정도 고정해놓습니다. 여기까지 해서 본체가 거의 완성됨.

19. 옆면 F의 짧은 면을 30도 정도로 면 다듬기합니다.(각도는 적당히 눈 짐작으로)

20. 옆면 F의 면 다듬기를 한 곳이 아래를 향하게 놓고, 면 다듬기를 한 곳부터 6.9cm의 위치(겉면 쪽)에 가위집을 넣습니다.

21. 곡선 부분이 될 곳에 가볍게 분무기로 물을 뿌려 부드럽게 합니다.

22. 바닥 E에 대고 곡선 부분의 끝(옆면 F가 구부려지는 곳)을 표시해 둡니다.

23. 그 위치와 연결된 옆면 F의 바깥쪽에 수직으로 칼집을 넣습니다.

24. 옆면 F끼리 맞물릴 곳은 표시를 하여 자로 수직으로 선을 그어 여분의 판지를 잘라내고, 면 다듬기한 단면과 딱 들어맞도록 합니다.

25. 옆면 F끼리 만나는 곳을 접착제로 붙이고 테이프로 바깥쪽에서 고정합니다.

26. 옆면 안쪽의 아래에서 2mm 폭 정도 접착제를 발라 바닥 E를 끼워 넣어 아래쪽에 고정시킵니다.

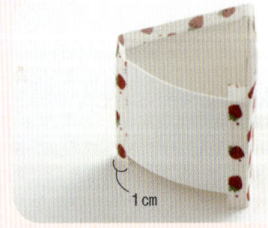  

27. 옆면 F에 원단5를 V자로 붙입니다. 양끝은 1cm의 시접을 남겨 놓고 붙입니다.

28. 바닥쪽 시접의 세 귀퉁이를 가위로 집어 잘라내고 시접을 바닥 쪽으로 접어 붙입니다.

29. 위쪽의 시접은 가장자리에서 1mm 남기고, 세 귀퉁이를 30도 정도 삼각으로 잘라냅니다. 3변의 시접들을 안쪽으로 접어 넣어 붙입니다.

30. 겉옆면 G를 본체에 대고 길이를 조절합니다. 겉옆면 G에 원단6을 붙이고, 좌우 짧은 변의 시접을 접어 넣어 붙입니다. 29에서 만든 서랍의 곡선 부분에 바깥 옆면 G를 붙여줍니다.

31. 윗쪽의 시접은 좌우각을 30도로 자르고, 안쪽으로 접어 넣어 붙입니다. 아래쪽 시접은 좌우 각을 45도로 자른 뒤 시접을 5mm 폭만 남기고 핑킹가위로 잘라 바닥 쪽으로 접어 붙입니다.

32. 6등분한 도화지2를 바닥 바깥쪽에 붙입니다.

33. 6등분한 마분지1에 원단7을 붙이고 시접을 5mm 남기고 자릅니다. 3군데의 귀퉁이도 잘라냅니다.

34. 서랍 본체의 안쪽 바닥과 옆면의 아래쪽에서 1cm 폭에 접착제를 바릅니다. 33에서 배접해준 원단7을 바닥에 끼워 넣고 폴더로 각을 정리해줍니다.

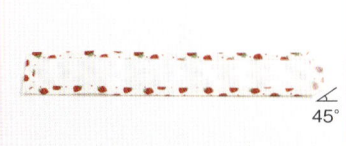

35. 배접지2에 원단8을 붙여 귀퉁이는 45도 각도로 잘라냅니다. 짧은 변 1변을 남기고 3곳의 시접을 뒤쪽에 붙입니다.

36. 처음 2cm는 접착제를 바르지 않고 옆면에 붙입니다. 끝부분은 남겨놓은 2cm의 아래쪽에 끼워 넣어 붙입니다.

37. 본체의 옆면 바깥쪽 중앙에 브레이드를 쭉 붙이고, 옆면의 중앙에 송곳으로 구멍을 뚫어 손잡이를 장치합니다. 19~37의 과정을 거쳐 서랍 6개를 만듭니다.

38. 케이크 본체의 윗부분에 브레이드를 붙이고 중앙에 딸기, 미니라즈베리, 스몰베리 등을 장식하고 잎을 끼워 넣으면 완성

#5
롤케이크
(Câteau de roule) P.34

(단위: cm)

완성 크기
가로 23×세로 8×높이 6
(꽃 부분은 제외)

1. 도구(기본 세트 이외, 기본 세트는 P.40)

• 송곳   • 분무기   • 모눈자
• 컴퍼스   • 사포   • 원형커터
• 순간접착제

2. 재료(판지는 도안을 참고)

〈본체〉
• 배접지1(안뒷면)
• 지름 10(앞면 A를 복사)
• 배접지2(안옆면)
• 31×11,2(나중에 조절)
• 원단1(옆면바깥)/갈색 타올지…33×14
• 원단2(겉뒷면)/갈색줄무늬…10×12
  (안뒷면)/흰물방울무늬…10×12
• 원단3(안옆면)/갈색줄무늬…34×13
• 브레이드/흰색–50 2개

〈서랍〉
• 배접지3(안앞면, 안뒷면)…10×5(앞면 D를 복사) 2장
• 배접지4(안옆면)…10,8×14(나중에 조절)
• 배접지5(겉면 뒷쪽)
• 지름 1(앞면 A를 복사 선의 1mm 안쪽을 잘라냄
• 원단4(옆면 바깥)/흰 물방울무늬…13×17
• 원단5(안앞면, 안뒷면, 겉뒷면)/흰 물방울무늬…11×5,5(3장)
• 원단6(안옆면)/흰 물방울무늬…12,5×16
• 원단7(겉앞면 뒤)/갈색 줄무늬…10×12
• 원단8(겉앞면)/갈색 줄무늬…10×12
• 손잡이 – 1개

3. 도안

[2mm 판지]

앞면 A · 뒷면 A

본체 ▶

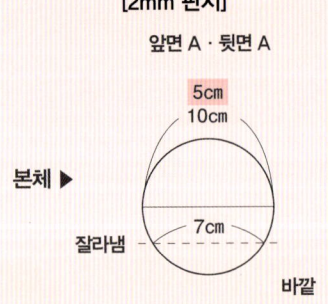

5cm
10cm
7cm
잘라냄
바깥

[1mm 판지]

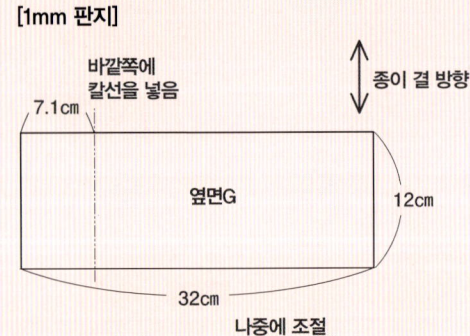

바깥쪽에
칼선을 넣음
7.1cm
종이 결 방향
옆면G
12cm
32cm
나중에 조절

[0.5~0.8mm 판지]

겉뒷면 C

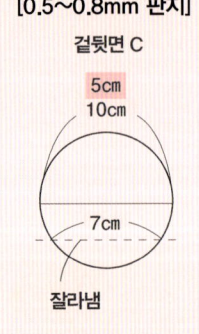

5cm
10cm
7cm
잘라냄

[2mm 판지]

옆면 D, 뒷면 D

서랍 ▶

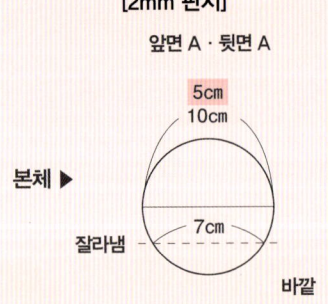

4.7cm
9.4cm
잘라냄
6cm

[1mm 판지]

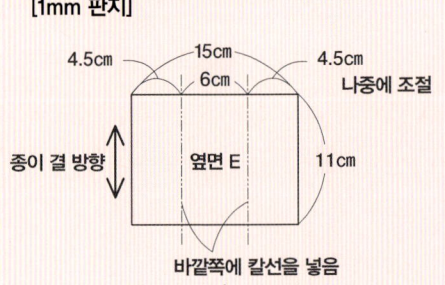

4.5cm   15cm   4.5cm
6cm
나중에 조절
종이 결 방향
옆면 E
11cm
바깥쪽에 칼선을 넣음

[0.5~0.8mm 판지]

겉뒷면 F

9.4cm
6cm

* 앞면 D를 복사

는 반지름 크기

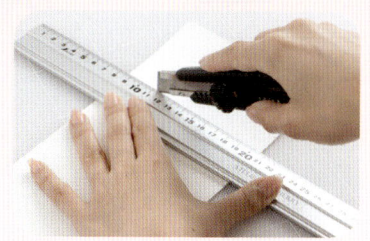

1. 나중에 쓸 배접지1과 5에 앞면 A를 대고 그립니다. 배접지5는 복사한 선의 1mm 안쪽을 잘라줍니다.

2. 옆면 B의 끝에서 7.1cm 되는 곳에 칼집을 넣어줍니다.

3. 옆면 B에 가볍게 분무를 하여 종이 섬유를 부드럽게 한 후 롤케이크 모양이 되게 곡선을 만듭니다.

여기는 특히 신경 써서

4. 옆면 B를 뒷면 A에 대고 돌려 끝나는 부분에 표시를 해서 직각으로 선을 그어 남는 부분을 잘라냅니다.

5. 뒷면 A의 단면에 접착제를 바릅니다.

6. 옆면 B와 뒷면 A를 붙여서 조립하고 이음새 바깥쪽에 테이프를 붙여줍니다.

7. 처음 부분에 시접 1cm를 남기고 원단1을 옆면에 붙입니다. 끝부분은 모서리에 맞추어 1cm 접어 넣어줍니다.

8. 뒷면의 곡선 부분은 시접을 5mm 남기고 핑킹 가위로 자릅니다.

9. 각진 곳은 가위로 집어 비스듬히 잘라내고, 원단이 겹쳐진 곳은 안쪽 시접을 잘라내고 시접을 뒷면 쪽으로 붙여줍니다.

10. 앞쪽에서도 겹쳐진 시접에서 안쪽을 자릅니다. 앞쪽의 끝에서 1cm 안쪽까지 접착제를 바르고 주름이 지지 않도록 원단을 아랫방향으로 당기면서 시접을 안쪽으로 접어 넣어 붙입니다.

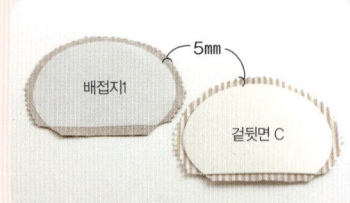

11. 겉뒷면 C에 원단2(갈색 줄무늬)를, 배접지1에 원단2(흰 물방울무늬)를 붙입니다. 각각의 시접을 5mm 남겨 곡선 부분을 핑킹가위로 자르고 아래쪽 각진 부분은 'ㅅ'자로 잘라냅니다.

12. 겉뒷면 C의 시접을 뒤쪽으로 접어 붙입니다.

13. 본체의 뒷면에, 겉뒷면 C를 접착제로 붙입니다.

14. 뒷면 안쪽과 옆면 안쪽의 바닥에서 1cm 윗부분까지 접착제를 바르고 배접지1을 붙인 원단2를 아래로 끼워 넣어 붙인 뒤 폴더로 문질러줍니다.

15. 배접지2를 본체 옆면 안쪽에 대고 길이를 조절하고, 남는 부분은 잘라냅니다. 그리고 나서 원단3을 붙여 네 귀퉁이는 45도로 잘라내고 짧은 쪽 1곳만 남기고 3군데의 시접을 안쪽으로 접어 붙여줍니다.

16. 본체 안쪽에 넣어 처음 2cm는 접착제를 바르지 않고 붙여나가며 끝부분은 남겨놓은 2cm 부분에 끼워 넣어 접착제로 붙입니다. 이렇게 하면 본체는 거의 완성된 상태입니다.

17. 앞면 D, 뒷면 D를 도안대로 자르고, 앞면 D를 배접지3의 2장에 복사합니다. 0.5~0.8mm 두께의 판지에도 복사한 뒤 겉뒷면 F를 만듭니다. 배접지3의 2장은 윗변에서 3mm 정도 안쪽으로 자릅니다.

18. 옆면 E에 도안대로 칼선을 넣어줍니다. 곡선 부분에 가볍게 분무해준 뒤 종이섬유를 부드럽게 해줍니다.

여기는 특히 신경 써서

19. 옆면 E를 앞면 D에 댄 뒤 위쪽 변의 양끝 위치를 옆면 E에 표시하고 표시된 곳에서 수직으로 선을 그어 남는 곳은 잘라냅니다.

20. 앞면 D, 뒷면 D의 단면에 접착제를 바르고 옆면 E를 붙여 서랍의 형태로 만듭니다.

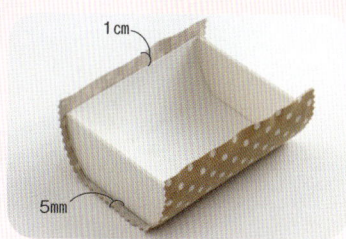

1cm

5mm

21. 원단4를 옆면 바깥쪽에 붙이고, 곡선 쪽 변은 시접을 5mm, 직선 쪽 변의 시접은 1cm를 남기고 남는 부분은 잘라냅니다.

22. 아래쪽의 양쪽 각을 가위로 집어 여분을 잘라내고 시접을 앞면과 뒷면 쪽으로 접어 붙입니다.

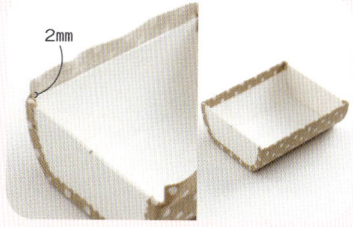

2mm

23. 윗변 시접의 네 귀퉁이는 전부 아래쪽에서 2mm 남기고 가위집을 넣어 짧은 변, 긴 변의 순서대로 안쪽으로 시접을 접어 넣어 붙입니다.

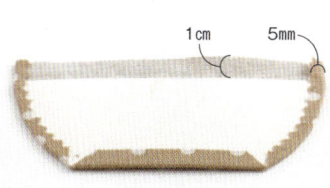

1cm   5mm

24. 17에서 복사한 겉뒷면 F에 원단5를 붙입니다. 원단 5의 시접을 윗부분은 1cm, 그 밖의 부분은 5mm를 남기고 자르며 네 각의 시접을 잘라내고 윗변만 빼고 나머지는 뒤쪽으로 접어 붙입니다.

25. 겉뒷면 F를 서랍의 뒷면 D의 바깥쪽에 붙여 위쪽 시접의 각을 30도로 잘라주고 뒷면 안쪽으로 접어 붙여줍니다.

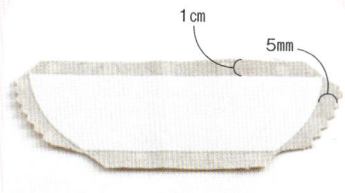

1cm

5mm

26. 17에서 만든 배접지3에 원단5를 붙여 윗변 시접은 1cm, 그 외는 5mm를 남기고 자릅니다. 위쪽 각은 45도로 아래쪽 각은 'ㅅ'자로 자릅니다.

앞면 안쪽

27. 26에서 배접한 원단5 1장을 서랍 앞면 안쪽에 붙이고 윗부분의 시접은 앞면의 바깥쪽으로 접어 붙여줍니다.

뒷면 안쪽

28. 26에서 배접한 또 한 장의 원단5는 윗변의 시접을 미리 안쪽으로 접어 붙여 놓고, 뒷면 안쪽에 붙입니다.

29. 배접지4를 서랍의 내부에 대고 크기를 정한 뒤, 여분을 잘라냅니다. 잘라낸 배접지4에 원단6을 붙인 뒤 시접 1cm를 남겨놓고 자릅니다. 각을 45도로 잘라내고 시접은 뒤쪽으로 접어 붙입니다.

30. 29에서 배접한 원단6을 서랍의 옆면 안쪽에 붙입니다.

31. 배접지5에는 원단7을, 겉앞면 A에는 원단8을 붙여 시접을 뒤쪽으로 접어 붙입니다.

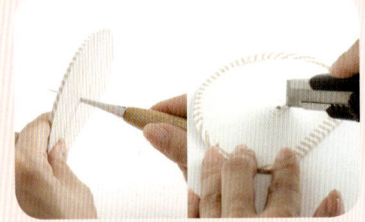

32. 겉앞면 A의 중앙에 구멍을 뚫어 안쪽으로 1cm 정도의 +자로 칼집을 내줍니다.

33. 2mm 판지에서 두께 1mm 정도의 종이를 벗겨내어, 손잡이를 끼워 넣습니다.(이렇게 하면 손잡이 뒤쪽이 튀어 나오지 않고 판지와 같은 높이로 정리됨)

34. 31에서 배접한 원단7을 겉앞면 A의 안쪽에 붙입니다.

35. 서랍 본체의 앞면에 접착제를 바르고 강도를 세게 하기 위해 순간접착제를 바르고 앞면 A를 붙입니다.(서랍을 본체에 집어넣은 후 앞면 A의 위치를 정하는 것이 좋음) 순간접착제는 얼룩지기 쉬우므로 주변에 붙지 않도록 주의.

36. 앞면과 뒷면에 브레이드를 소용돌이 모양으로 붙입니다.(이때 브레이드를 바깥쪽에서 붙이기 시작하면 균형 잡기가 쉬움.) 본체 옆에도 리본을 둘러주고 중앙에 균형과 색을 맞춰가며 꽃으로 꾸며주면 완성.

#6

생일 케이크 상자

(quatre-quarts) P.21
(단위: cm)

꽃 재료

• 파레트장미 – 2송이   • 미니라즈베리 – 5개
• 프렌다베리 – 약간   • 나뭇잎 – 약간

완성 크기
가로 14×세로 14×높이 10

1. 도구(기본 세트 이외, 기본 세트는 P.40)

• 테이프   • 분무기
• 원형커터   • 사포
• 컴퍼스

2. 재료(판지는 도안을 참고)

〈겉상자〉
• 원단1(뚜껑 A+옆면 B, C)/꽃무늬…25×25
• 원단2(안뚜껑 F)/적색…15×15
• 원단3(바닥 E+ 옆면 D)/꽃무늬…35×15
• 원단4(옆면 D)/꽃무늬…15×13 2장
• 원단5(경첩)/꽃무늬…10×4 4장
• 원단6(안QKEKRG)/적색…14×14
• 원단7(안옆면 H)/적색…14×11 4장
• 리본(옆면 바깥〈뚜껑, 본체〉)/빨강…170
• 리본(옆면 안쪽에 메시지를 끼우는 용도)
  적색…60(폭 5mm 정도의 가는 것)

〈안상자〉
• 배접지(안바닥)…지름9
• 배접지(안옆면)…30×4.5(길이는 나중에 조절)
• 원단8(옆면 바깥)/흰색…32×7
• 원단9(안바닥)/체리무늬…지름 11
• 원단10(안옆면)/체리무늬…32×7
• 원단11(뚜껑)/흰색…지름 13
• 원단12(속뚜껑)/빨강체크…지름 12
• 스펀지(5mm 두께)…10×10
• 브레이드(뚜껑) – 30
• 리본(옆면) / 적색 – 50(폭 7mm 정도)
• 도일리(레이스 종이) – 지름 12(1장)

3. 도안

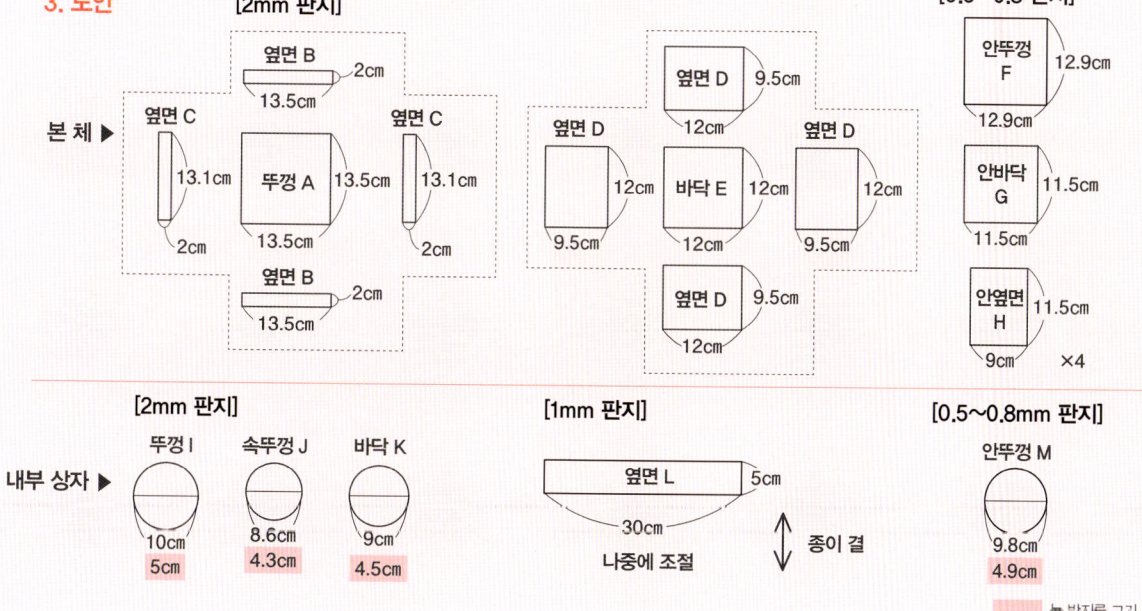

1. 판지를 모두 도안대로 자릅니다. 뚜 껑 A, 옆면 B 2장, 옆면 C 2장을 나란히 나열해서 전후좌우를 확인합니다.

2. 옆면 B와 C의 단면에 접착제를 바 르고, 뚜껑 A의 위에 세워서 조립합니다.

3. 원단을 뚜껑 A에 붙이고 각각의 옆 면 사이드에서 각각 1cm의 시접을 주고 나머지 부분은 잘라냅니다.

4. 1cm의 시접을 뚜껑의 네 꼭짓점을 향해 45도로 자릅니다.

5. 정면이 될 곳의 원단을 뚜껑 옆면에 수직으로 붙이고 시접은 좌우의 옆면에 붙입니다.

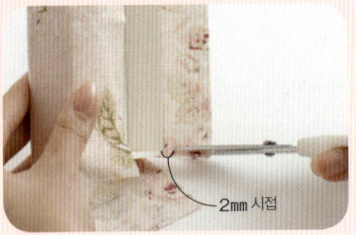

6. 뚜껑 끝에서 2mm를 남겨놓고, 옆 면 모서리의 연장선에 가위집을 내줍니 다.

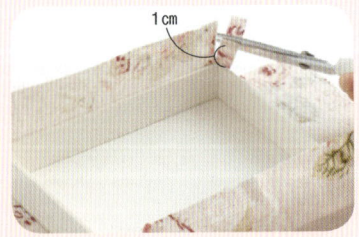

7. 옆으로 넘겨 붙인 시접을 뚜껑 끝 에서 1cm 정도 남겨놓고 자릅니다.

8. 1cm만 남긴 시접을 당기면서 뚜껑 옆면 안쪽으로 접어 넣어 붙입니다..

9. 5의 뚜껑 옆면에 수직으로 붙인 원 단을 옆면 안쪽으로 덮어씌우듯이 접어 넣어 붙입니다.

10. 이때 뚜껑의 옆면 안쪽에 접어 넣을 원단의 양 끝 각은 2cm 떨어진 곳에서 45도로 자릅니다.

11. 남은 2변은 3에서 1cm 여유를 준 원단의 시접 부분을 원단 쪽으로 접어 붙입니다.

12. 남은 두 변의 시접을 원단 쪽으로 접어 붙인 모습.

13. 남은 두 변의 원단을 뚜껑 옆면에 수직으로 올려붙입니다.

14. 양쪽 옆 부분에서 판지 두께는 빼고 덮을 수 있도록 양끝 선에서 2mm 폭 안쪽으로 잘라줍니다.

15. 두 변의 원단을 상자 안쪽으로 접어 넣어 폴더로 문질러가며 안쪽 모서리 부분과 바닥 경계선을 신경 써가며 붙이고 바닥으로 간 양끝 쪽은 삼각으로 잘라내고 붙입니다.

16. 접착제로 리본을 '+' 모양으로 붙입니다.

17. 안뚜껑 F에 원단2를 붙이고, 네 귀퉁이를 45도로 잘라 시접을 뒤쪽으로 접어 붙입니다.

18. 17에서 만든 안뚜껑 F를 뚜껑 안쪽에 붙입니다.

19. 나비 모양의 리본을 만들어 리본이 교차된 곳에 접착제로 고정시키면 뚜껑이 완성됩니다.

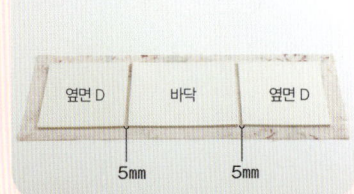

20. 원단3에 옆면 D 2장과 바닥 E를 5mm 간격을 띄어 일렬로 놓아 붙입니다.

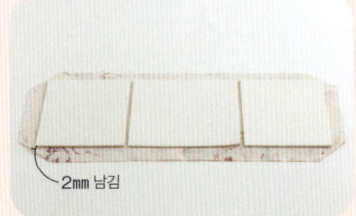

21. 네 귀퉁이를 45도로 잘라냅니다.

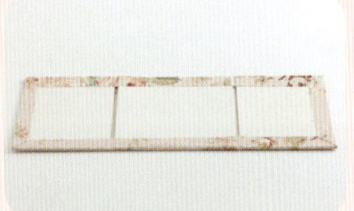

22. 원단3의 시접을 판지 쪽으로 덮어 붙입니다.

23. 남은 2장의 옆면 D에 원단4를 붙이고, 윗부분의 두 귀퉁이를 45도 자릅니다. 아래의 긴 변만 남기고 나머지 3변의 시접을 판지 뒤쪽으로 접어 붙입니다. 아랫변 원단의 겹쳐진 부분도 접착제로 붙입니다.

24. 아랫변 시접의 양끝을 5mm 폭 남기고 45도 각도로 잘라냅니다.

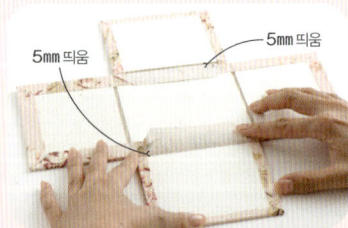

25. 원단4를 붙인 옆면 D의 시접을 5mm 남겨놓고 바닥 E의 위아래 쪽에 붙입니다.

26. 바닥 E에 옆면 D 4장이 붙은 모습

27. 원단5를 경첩이 되도록 바닥 E의 둘레 4곳에 붙입니다. 이때 바닥 E에 얹힐 네 귀퉁이는 45도로 잘라냅니다.

28. 경첩 부분으로 원단5를 붙인 모습

29. 안바닥 G에 원단6을 붙여 네 귀퉁이를 45도 자르고 시접을 판지 쪽으로 접어 붙입니다. 이것을 28에서 만든 본체의 안쪽에 접착제로 붙입니다.

30. 겉면에 리본을 '+'자로 붙이고 끝을 안쪽으로 접어 넣습니다.

31. 리본의 끝은 테이프로 고정합니다.

32. 바옆면 H에 원단7을 붙이고, 네 귀퉁이를 45도로 자르고 시접을 판지 쪽으로 접어 붙입니다.

33. 메시지 카드를 끼울 수 있도록 리본을 윗쪽에 놓고 안쪽에서 테이프로 고정합니다. 32~33을 4장 만듭니다.

34. 리본을 붙인 4장의 안옆면 H를 본체의 안쪽 면 4곳에 붙입니다.

35. 바닥 안쪽에 레이스 종이를 붙입니다. 중앙 부분은 접착제로 붙이고 레이스 부분은 스틱풀로 붙입니다.

36. 안쪽의 케이크는 〈바바로아 P.76〉와 같은 방법으로 만듭니다. 케이크에 브레이드를 붙이고 윗부분에 꽃과 열매, 잎 등을 꾸며줍니다. 바깥 상자의 바닥 안쪽에 접착제로 고정하면 완성.

#7

바바로아

(Bavaroise) P.9

(단위: cm)

완성 크기
가로 23×세로 8×높이 6
(꽃 부분은 제외)

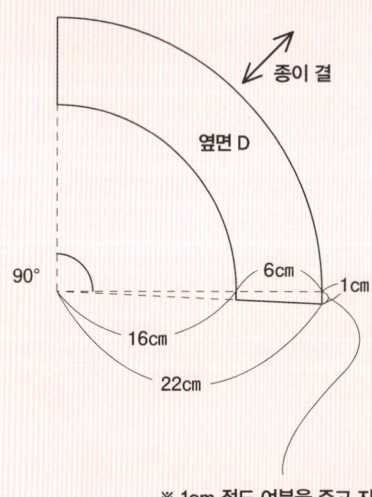

꽃 재료
- 파레트장미 2개
- 블루베리 2개
- 미니라즈베리 2개
- 브랜다베리 약간
- 잎 적당량

1. 도구(기본 세트 이외, 기본 세트는 P.40)

- 원형 커터
- 컴퍼스
- 테이프
- 삼각자, 각도기
- 분무기
- 사포

2. 재료(판지는 도안을 참고)

- 배접지1(안옆면) – 23×23(나중에 조절)
- 배접지2(안바닥) – 지름 10.3
- 원단1(옆면 바깥) / 핑크 – 35×15
- 원단2(안옆면) / 핑크물방울무늬 34×15
- 원단3(안바닥) / 핑크물방울무늬 – 지름 13
- 원단4(겉바닥) / 핑크 – 지름 13
- 원단5(뚜껑) / 희색 – 지름 11
- 원단6(속뚜껑) / 핑크물방울무늬 – 지름 10
- 스펀지(5mm 두께) – 8.5×8.5
- 브레이드/흰색 – 30
- 레이스 – 35

3. 도안

[2mm 판지]

뚜껑 A
8.4cm
4.2cm

속뚜껑 B
7.8cm
3.9cm

바닥 C
10.8cm
5.4cm

[1mm 판지]

종이 결

옆면 D

90°

6cm
1cm
16cm
22cm

※ 1cm 정도 여분을 주고 자름
나중에 조절

[0.5~0.8mm 판지]

겉바닥 E
10.8cm
5.4cm

안뚜껑 F
8.4cm
4.2cm

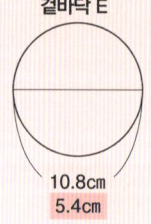

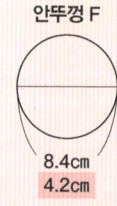

는 반지름 사이즈

76

1. 나중에 쓸 원단1에, 옆면 D를 복사해 둡니다.

2. 옆면 D를 분무기로 가볍게 물을 뿌려 종이 결을 부드럽게 하여 둥글립니다.

천천히 자연스럽게

3. 바닥 C의 주위에 옆면 D를 대고, 딱 맞게 맞물리는 곳에 표시를 해두어 수직 으로 자릅니다.

4. 바닥 C의 단면에 접착제를 바르고, 옆면 D로 주위를 돌리고 맞물리는 부분 은 한쪽에만 접착제를 발라 딱 맞게 붙 입니다.

5. 옆면 D의 접합 부분에 테이프를 붙 이고(안쪽과 바깥쪽), 윗부분의 입구 쪽 의 모양을 손으로 잘 잡아줍니다.

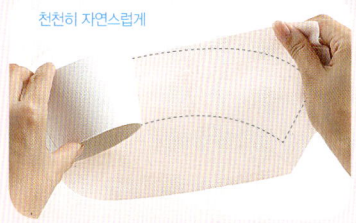

천천히 자연스럽게

6. 1에서 그려둔 선에 맞추어 원단1을 옆면 D의 바깥쪽에 붙입니다. 원단이 밀 리거나 주름지지 않도록 당겨가면서 천 천히 조심해서 붙여주세요.

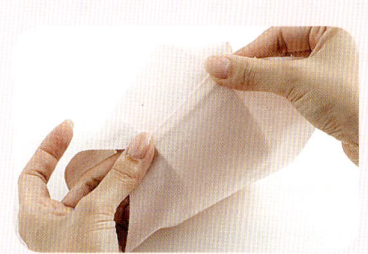

7. 끝부분에서는 시접 1cm를 안쪽으로 접어 넣어 시작 부분 위에 겹쳐서 붙입니 다.

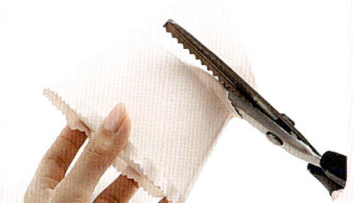

8. 윗변의 시접을 1cm, 아랫변의 시접 을 5mm 정도 남기고 핑킹가위로 자릅 니다.

천천히 자연스럽게

9. 접합 부분 원단의 겹친 부분을 자르 고 아래쪽 시접을 바닥 쪽으로 접어 붙입 니다.

10. 윗부분의 시접을 안쪽으로 접어 넣어 붙입니다.

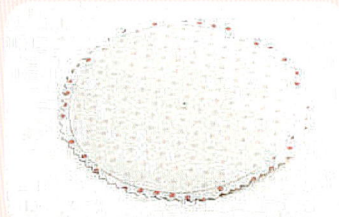

11. 배접지2에 원단3을 붙여 시접을 5mm 남기고 핑킹가위로 자릅니다. 곡선 부분의 시접은 너무 많으면 뒤쪽으로 접었을 때 원단이 팽팽하지 않으므로 5mm로 정확히 자르는 것이 좋습니다.

12. 바닥 안쪽과 옆면 안쪽의 아래에 서부터 1cm 되는 곳에 접착제를 바르고 11에서 배접한 원단3을 아래로 끼워 넣어 안바닥에 붙입니다. 곡선 부분은 폴더로 확실하게 눌러주어 붙입니다.

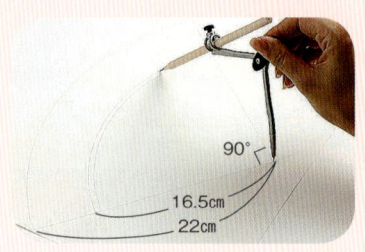

13. 옆면 D의 배접지로는, 커다란 호는 반지름 22cm, 작은 호는 반지름 16.5cm의 원을 컴퍼스로 그리되 약 90도에 해당하는 원의 크기만큼 그려줍니다.

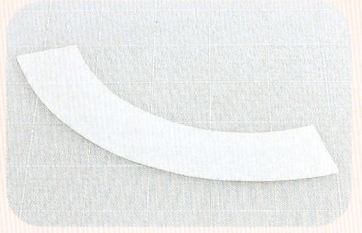

14. 13에서 그린 선을 잘라 배접지1을 만듭니다.

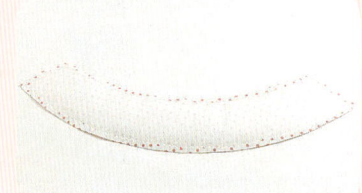

15. 14에서 잘라낸 배접지에 원단2를 붙이고 곡선 부분은 시접5 mm를 남겨 핑킹가위로 자릅니다. 시접의 귀퉁이는 45도로 자르고, 세 변의 시접을 뒤쪽으로 접어 붙입니다.

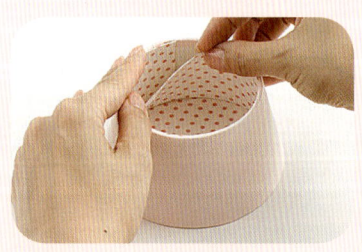

16. 본체의 옆면 안쪽에 15에서 배접한 원단2를 붙입니다. 최초의 2cm는 접착제를 바르지 않고 끝부분의 원단을 최초의 2cm 아래쪽에 집어넣어 붙입니다.

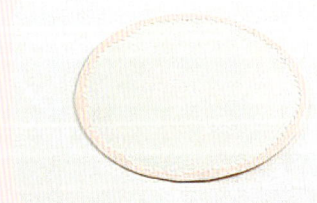

17. 겉바닥 E에 원단4를 붙이고 시접 5mm를 남기고 핑킹가위로 잘라 시접을 바닥 안쪽으로 접어 붙입니다.

18. 본체 바닥에 17에서 만든 겉바닥 E를 붙입니다. 이것으로 본체가 완성.

19. 뚜껑 A에 스펀지를 붙여 여분을 자르고 가장자리를 정성껏 면 다듬기를 합니다. 스펀지 부분을 아래로 하여 원단 5의 위에 놓고 뚜껑 A의 둘레 1cm에 접착제를 바르고 시접을 접어 붙입니다.

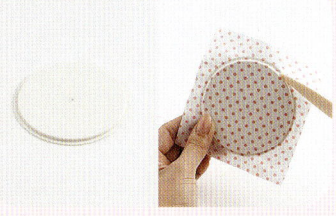

20. 안뚜껑 F의 중앙에 오도록 속뚜껑 B를 붙입니다. 속뚜껑 B쪽에 원단6을 붙이고 단차이가 나는 부분을 폴더로 눌러줍니다.

21. 시접 5mm를 남기고 핑킹가위로 잘라 시접을 뒤쪽으로 접어 붙입니다.

22. 뚜껑 A의 안쪽에 속뚜껑 F를 붙입니다.

23. 뚜껑 주위에 브레이드를 붙입니다.

24. 본체 옆면에 레이스와 리본을 붙입니다. 리본은 가는 것 혹은 신축성이 있는 것이 좋습니다. 뚜껑의 중앙에, 커다란 꽃으로 꾸미고 열매랑 잎사귀를 장식하여 완성.

본문의 작품 따라 만들기 방법
과 순서에 대한 설명은 여기 표
시한 부분별 명칭을 기준으로
설명하니 참고하세요.

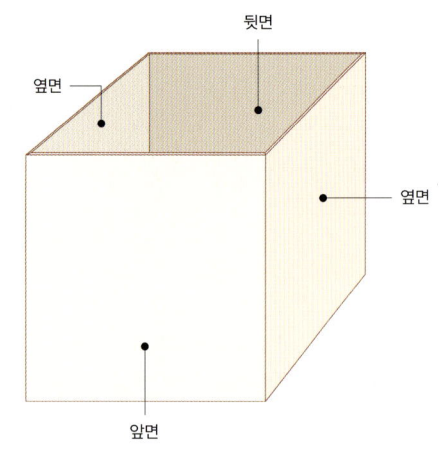

뒷면

옆면

옆면

앞면

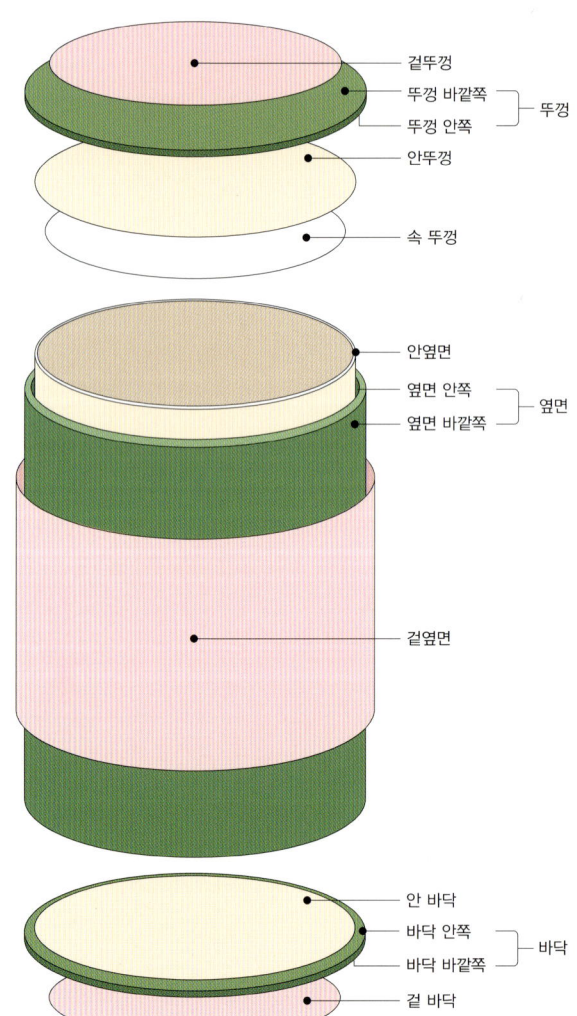

겉뚜껑

뚜껑 바깥쪽 ┐
          ├ 뚜껑
뚜껑 안쪽 ┘

안뚜껑

속 뚜껑

안옆면

옆면 안쪽 ┐
          ├ 옆면
옆면 바깥쪽 ┘

겉옆면

안 바닥

바닥 안쪽 ┐
          ├ 바닥
바닥 바깥쪽 ┘

겉 바닥

도안과 레시피

이곳에서는 〈완성 크기, 도구, 재료, 도안, 과정, 포인트 팁〉을 소개합니다.
P.40의 강의, P.46~79의 만드는 법에 있는 사진을 참고하여 작품을 만들어보세요.
P.80의 까또나주 상자의 부분별 명칭을 참고해서 만드세요.

이 책을 보는 요령

• 2mm 판지, 1mm 판지, 0.5~0.8mm 판지를 사용하고 있으나(종이의 종류는 P41 참
고), 원하는 판지로 대신 사용할 수 있습니다. 그럴 경우 종이의 두께에 맞추어 나머지
치수들을 조정해주세요.

• 원단, 배접지의 크기는 도안에 맞춰진 기준입니다. 잘라낸 판지와 조립된 판지에 맞춰
새롭게 크기를 조정해주세요.

• 재료에는, 이 책에서 사용한 원단의 종류를 적어 놓았습니다. 참고자료이므로 원하는
원단을 이용해도 좋습니다.

• 판지를 접착할 때는 기본적으로 목공용 접착제를 사용하고 있습니다. 판지를 조립할
때는 원액 그대로 사용하고, 원단을 접착할 경우에는 물을 첨가해 요구르트 정도의 묽
기로 사용합니다.

• 테이프는 보강하고 싶은 곳에 사용합니다. 상자의 곡선 부분에 보강해두면 좋습니다.

• 시접은 직선은 1cm, 곡선은 5mm, 처음과 끝 부분의 접합 부분은 1cm로 주고 있습니
다. 본인이 원하는 대로 조정해도 됩니다.

• 브레이드, 리본, 원단의 크기는 약간 넉넉하게 적어 놓았습니다.

• 배접지는, 앞옆면을 1장으로 돌려서 붙일 때는 얇고 붙이기 쉬운 핫멜트지가 편리합니
다. 켄트지를 사용하는 경우는, 클립으로 조금씩 눌러가며 붙이는 것이 좋습니다.

#8
사각 케이크

(gâteau carré) P.18

(단위: cm)

완성 크기
가로 12×세로 12×높이 6
(꽃 높이 제외)

꽃 재료

• 수국(백) – 5개
• 수국(핑크) – 5개
• 진주 – 적당량
• 라인스톤 – 적당량
• 리본 – 적당히
• 브레이드 1개

1. 도구(기본 세트 이외, 기본 세트는 P.40)

• 송곳

2. 재료(판지는 도안을 참고)

• 배접지1(안바닥)…11.6×11.6
• 도화지1(겉바닥)/백색…11.5×11.5
• 원단1(옆면 바깥)/백색…50×7
• 원단2(안바닥)/핑크물방울…14×14
• 원단3(안옆면 E)/핑크물방울…14×6(2장)
• 원단4(안옆면 F)/핑크물방울…13×6(2장)
• 원단5(뚜껑)/핑크…15×15
• 원단6(안뚜껑)/핑크물방울…13×13
• 스펀지(5mm 두께)…11.3×11.3
• 브레이드…50
• 손잡이 장식…1개

4. 만드는 법

1. 바닥 D 단면에 접착제를 발라 옆면 B, C를 붙여 본체를 만듭니다.
2. 옆면 바깥을 1바퀴 둘러 원단1를 붙입니다.
3. 배접지1에 원단2를 붙여서 바닥 안쪽에 붙입니다.
4. 안옆면 E와 F에 원단3과 4를 붙입니다.
5. 안옆면 E를 마주보는 옆면 안쪽에 각각 붙입니다.
6. 안옆면 F를 남은 2변의 옆면 안쪽에 붙입니다.
7. 바닥 바깥에 도화지를 붙입니다.
8. 뚜껑 A에 스펀지를 붙이고, 면 다듬기를 하여 원단5를 붙입니다.
9. 뚜껑 A의 중앙에 손잡이 부속용 구멍을 뚫고 뒤쪽의 판지를 벗겨내 손잡이를 끼웁니다.(판지를 벗겨내어 금속 부속이 튀어나오지 않게 합니다.)
10. 안뚜껑 G에 원단6을 붙여서 뚜껑 A의 뒤쪽에 붙입니다.
11. 본체 옆면에 브레이드를 붙이고 뚜껑에 꽃을 뿌리듯이 장식하면 완성

point tip 원단의 두께에 따라 안옆면 E와 F의 크기를 조절해줍니다.

3. 도안

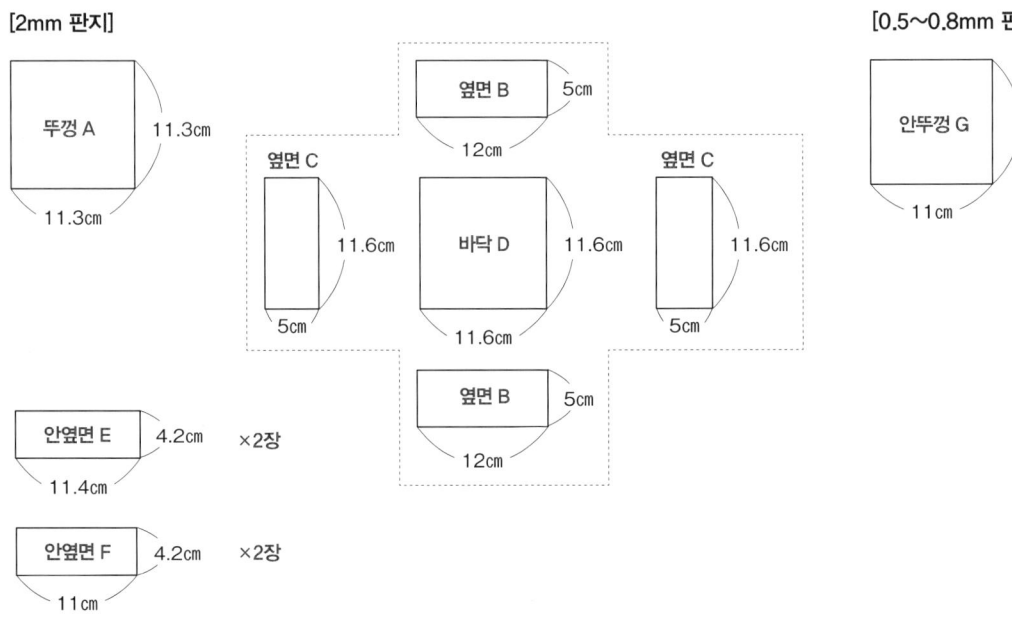

[2mm 판지]

뚜껑 A 11.3cm
11.3cm

옆면 B 5cm
12cm

옆면 C 11.6cm
5cm

바닥 D 11.6cm
11.6cm

옆면 C 11.6cm
5cm

옆면 B 5cm
12cm

안옆면 E 4.2cm ×2장
11.4cm

안옆면 F 4.2cm ×2장
11cm

[0.5~0.8mm 판지]

안뚜껑 G 11cm
11cm

#9
사다리꼴 케이크
(Gâteau trapézoïdal) P.6
(단위: cm)

완성 사이즈
가로 12×세로 12×높이 6
(꽃 부분 제외)

꽃 재료
• 수파레트장미 – 2송이
• 레몬슬라이스(1/4) 1개
• 브랜다베리 – 적당량
• 열매 – 약간
• 크리스탈 – 적당량
• 라인스톤 – 적당량
• 잎 – 약간

1. 도구(기본 세트 이외, 기본 세트는 P.38)

• 특별히 없음

2. 재료(판지는 도안을 참고)

• 배배접지1(안바닥)…11.8×11.8
• 배접지2(겉옆면)…12.4×5(옆면C를 복사) 92장
• 배접지3(안옆면)…12×4.5(나중에 조절) 4장
• 도화지1(겉바닥)/그린…11.5×11.5
• 원단1(겉옆면)/그린…14×7 4장
• 원단2(안바닥)/그린물방울…14×14
• 원단3(안옆면)/그린물방울…14×7 4장
• 원단4(뚜껑)/그린줄무늬…13×13
• 원단5(안뚜껑)/그린…12×12
• 스펀지(5mm 두께)…10×10
• 브레이드…50

4. 만드는 법

1. 옆면 C의 양끝을 면 다듬기 해줍니다.
2. 바닥 D의 단면 4곳에 본드를 바르고, 옆면 C와 바닥 D를 조립하여 본체를 만듭니다.
3. 마주보는 2곳의 옆면 바깥에 원단을 붙입니다.
4. 남은 두 곳의 옆면 바깥에는 배접지2를 붙인 원단 1을 붙입니다.
5. 바닥 안쪽에 배접지1을 붙인 원단2를 붙입니다.
6. 배접지3을 본체의 옆면 안쪽에 대고 크기를 재서 원단3을 붙이고 옆면 안쪽에 붙입니다.
7. 뚜껑 A에 스펀지를 붙이고, 면 다듬기 하여 원단4를 붙입니다.
8. 안뚜껑 B에 원단5를 붙여서, 뚜껑 A의 뒤쪽에 붙입니다.
9. 도화지1을 바닥바깥에 붙입니다.
10. 브레이드를 본체 옆에 장식하고, 꽃으로 꾸미면 완성

3. 도안

[1mm 판지]

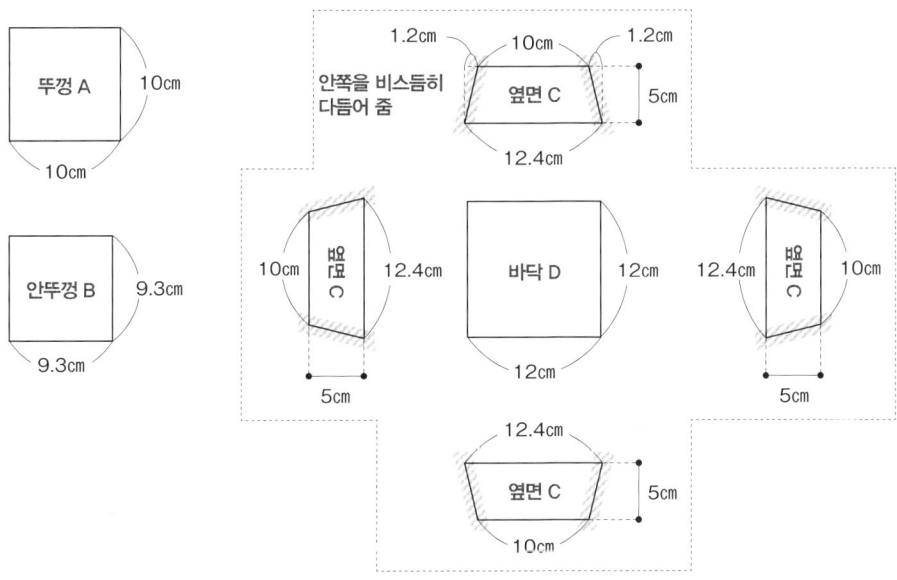

///// 는 비스듬히 다듬을 곳

#10
조각 케이크
(Morceau de gâteau) P.38

(단위; cm)

완성 사이즈
가로 11×세로 11×높이 6
(꽃 부분 제외)

꽃 재료

• 카네이션 – 1송이
• 체리 – 1개
• 미니라즈베리 – 3개
• 크란베리 – 적당량
• 잎 – 약간

1. 도구(기본 세트 이외, 기본 세트는 P.40)

• 테이프   • 컴퍼스
• 원형커터   • 분무기
• 각도기   • 사포

2. 재료(판지는 도안을 참고)

• 배접지1(안바닥)…10×9(바닥 C를 복사)
• 배접지2(안옆면)…32×4.3(길이는 나중에 조절)
• 원단1(옆면 D)/자주…23×7(상하 2색의 경우는, 23×3.5…2장)
• 원단2(겉옆면 E)/백색…13×7
• 원단3(안바닥)/핑크…12×12
• 원단4(안옆면)/핑크줄무늬…34×6
• 원단5(겉바닥)/자주…12×12
• 원단6(뚜껑 A)/백색…13×13
• 원단7(속뚜껑 B)/핑크물방울…12×12
• 스펀지(5mm 두께)…12×12
• 브레이드…40
• 레이스…25

4. 만드는 법

1. 바닥 C와 옆면 D를 조립하여 본체를 만듭니다.
2. 옆면 D에 원단1을 「V」자로 붙입니다(P.53쪽 27번참고)
3. 옆면 바깥 E에 원단2를 붙인 뒤, 짧은 변의 시접을 안으로 접어서 붙입니다.
4. 3에서 원단2를 붙인 겉옆면 바깥 E를 본체의 옆면 바깥의 곡선 부분에 붙이고, 남은 두변의 시접을 옆면 안쪽과 바닥 쪽으로 접어 붙입니다.
5. 바닥 안쪽에 배접지1을 붙인 원단3을 붙입니다.
6. 옆면 안쪽에 배접지2를 붙인 원단4를 붙입니다.
7. 겉바깥 F에 원단5를 붙이고 본체의 바닥 바깥쪽에 붙입니다.
8. 뚜껑 A에 스펀지를 붙이고, 면 다듬기를 하여 원단6을 붙입니다.
9. 안뚜껑 G에 속뚜껑 B를 붙이고 원단7을 붙인 뒤 속뚜껑 G를 뚜껑 A의 뒤쪽에 붙입니다.
10. 브레이드와 레이스를 두르고 꽃으로 꾸미면 완성

3. 제도

[2mm 판지]

뚜껑 A

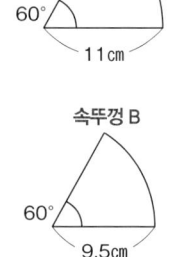

60°
11cm

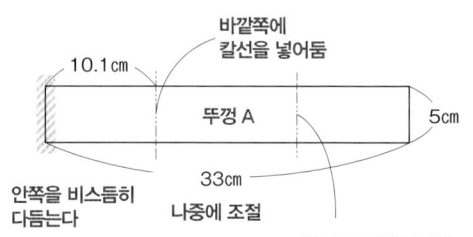

10.1cm
바깥쪽에
칼선을 넣어둠
뚜껑 A
5cm
↕ 종이 결 방향
안쪽을 비스듬히
다듬는다
33cm
나중에 조절
나중에 칼선을 넣어줌

속뚜껑 B

60°
9.5cm

바닥 C

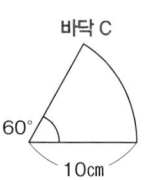

60°
10cm

[0.5~0.8mm 판지]

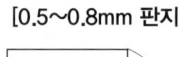

겉옆면 E
5cm
11cm
나중에 조절

겉바닥 F

60°
10cm

안뚜껑 G

60°
10.8cm

░░░░ 는 비스듬히 다듬을 곳

#11
베이네 도넛
(Doughnut-Beignet) P.23
(단위: cm)

완성 크기
지름 15×높이 6
(꽃 부분 제외)

꽃 재료
• 앙피니장미 – 3송이
• 수국 – 4송이
• 브랜다베리 – 적당량
• 크리스털 비즈 – 2개
• 잎 – 약간

1. 도구(기본 세트 이외, 기본 세트는 P.40)

• 원형커터   • 분무기
• 컴퍼스   • 사포
• 테이프

2. 재료(판지는 도안을 참고)

〈뚜껑〉
• 접지1(겉옆면 C)…47×9(길이는 나중에 조절)
• 배접지2(겉옆면 D)…15×0.9(길이는 나중에 조절)
• 배접지3(안옆면 D)…15×0.9(길이는 나중에 조절)
• 원단1(뚜껑 A)/백색…지름 18
• 원단2(겉옆면 C)/백색…49×3.5
• 원단3(겉옆면 D)/백색…16×3
• 원단4(안옆면 D)/백색…16×2
• 원단5(안뚜껑 H)/보라물방울…지름 16
• 스펀지(5mm 두께)…15×15
• 브레이드…65
• 레이스…65

〈본체〉
• 배접지4(안바닥)…지름 14(바닥 B를 복사)
• 배접지5(안옆면 E)…45×4.5(길이는 나중에 조절)
• 배접지6(안옆면 F)…17×4.5(길이는 나중에 조절)
• 원단6(옆면 바깥 E)/보라…49×7
• 원단7(옆면바깥F)/보라…19×7
• 원단8(겉바닥 I)/보라…지름 15
• 원단9(안바닥)/보라물방울…지름 16
• 원단10(안옆면 E)/보라물방울…49×7
• 원단11(안옆면 F)/보라물방울…19×7

3. 제도

[2mm 판지]

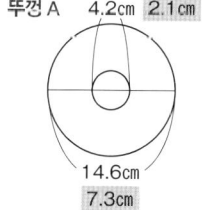

뚜껑 A 4.2cm 2.1cm
14.6cm
7.3cm

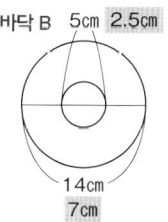

바닥 B 5cm 2.5cm
14cm
7cm

4. 만드는 법

1. 뚜껑 A, 옆면 C, 옆면 D와, 바닥 B, 옆면 E, 옆면 F를 각각 조립하여 도넛 모양의 뚜껑과 본체를 만듭니다.
2. 뚜껑 A에 스펀지를 붙이고, 면 다듬기를 한 뒤 원단1을 붙입니다.
3. 배접지1을 붙인 원단2의 시접을 긴 쪽과 짧은 쪽 한쪽씩만 안으로 접어 붙인 뒤 뚜껑의 옆면 바깥에 붙이고 나머지 시접은 옆면 안쪽에 접어 넣어 붙입니다.
4. 배접지2를 붙인 원단3을 뚜껑 구멍의 옆면 바깥에 붙이고, 시접에 가위집을 내어 옆면 안쪽에 접어 넣어 붙입니다.
5. 배접지3을 붙인 원단4를 뚜껑 구멍의 옆면 안쪽 (원의 중심 쪽)에 붙입니다.
6. 안뚜껑 H에 원단5를 붙이고 뚜껑 A의 안쪽에 붙입니다.
7. 본체의 옆면 E의 바깥쪽에 원단6을, 구멍의 옆면 바깥 F에 원단7을 붙입니다.
8. 겉바닥 I에 원단8을 붙이고, 바닥 B의 바깥에 붙입니다.
9. 본체의 바닥 안쪽에 배접지4를 붙인 원단9를 붙입니다.
10. 본체의 옆면 안쪽에 배접지5를 붙인 원단10을, 구멍의 옆면 안쪽 (원의 중심 쪽)에 배접지6을 붙인 원단11을 붙입니다.
11. 뚜껑 주위에 레이스를 꾸미고, 본체의 옆면에 브레이드를 붙여줍니다. 뚜껑에 꽃으로 꾸며주면 완성

> **point tip** 중앙의 구멍 부분에서 원단을 접어 넣을 때에 네 군데에 가위집을 넣거나 8등분이 되도록 가위집을 넣어주면 시접이 깨끗이 처리됩니다.

[1mm 판지]

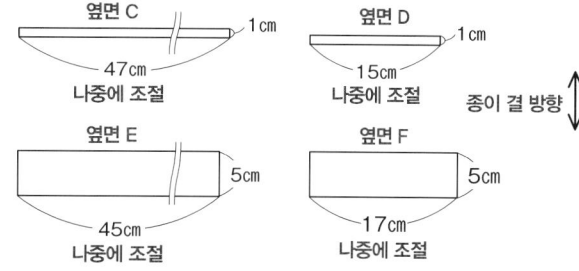

옆면 C   1cm
47cm
나중에 조절

옆면 D   1cm
15cm
나중에 조절

옆면 E   5cm
45cm
나중에 조절

옆면 F   5cm
17cm
나중에 조절

종이 결 방향

[0.5~0.8mm 판지]

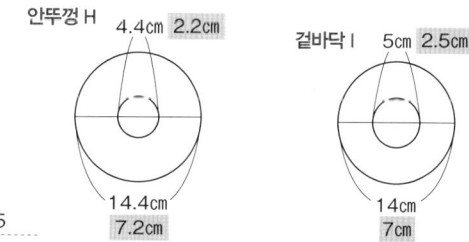

안뚜껑 H   4.4cm 2.2cm
14.4cm
7.2cm

겉바닥 I   5cm 2.5cm
14cm
7cm

는 반지름 크기

#12
원형
웨딩 케이크

(Câteau de mariage rond) P.30, 33

(단위; cm)

완성 크기
가로 20×세로 20×높이15
(꽃 부분 제외)

꽃 재료

〈핑크〉
• 체리장미 – 2송이
• 파레트장미 – 5송이
• 카네이션 – 3송이
• 크리스탈 – 약간
• 진주 – 적당량

〈블루〉
• 파레트장미 – 2송이
• 아룸 – 4송이
• 돌체라즈베리 – 9개
• 브렌다베리 – 약간
• 진주 – 적당량
• 잎 – 약간

---

1. 도구(기본 세트 이외, 기본 세트는 P.40)

• 원형커터 • 분무기
• 컴퍼스 • 사포

2. 재료(판지는 도안을 참고)

〈상단〉
• 배접지1(안바닥)…지름 9
• 배접지2(안옆면)…30×3.5(길이는 나중에 조절)
• 원단1(옆면 바깥)/핑크…32×6
• 원단2(안바닥)/핑크물방울…지름 11
• 원단3(안옆면)/핑크물방울…32×6
• 원단4(뚜껑 A)/핑크…지름 13
• 원단5(속뚜껑)/핑크물방울…지름 12
• 스펀지(5mm 두께)…10×10
• 브레이드…35 • 진주줄…35

〈중단〉
• 배접지3(안바닥)…지름 14
• 배접지4(안옆면)…46×3.5(길이는 나중에 조절)
• 원단6(옆면 바깥) / 핑크…48×6
• 원단7(안바닥) / 핑크물방울…지름 16
• 원단8(안옆면) / 핑크물방울…48×6
• 원단9(뚜껑 F) / 핑크…지름 18
• 원단10(속뚜껑) / 핑크물방울…지름 17
• 스펀지(5mm 두께)…15×15
• 브레이드…50 • 진주줄…50

〈하단〉
• 배접지5(안바닥)…지름 19
• 배접지6(안옆면)…62×3.5(길이는 나중에 조절)
• 도화지1(겉바닥 N)/핑크…지름 19.5
• 원단11(옆면 바깥)/핑크…64×6
• 원단12(안바닥)/핑크물방울…지름 21
• 원단13(안옆면)/핑크물방울…64×6
• 원단14(뚜껑 K)/핑크…지름 23
• 원단15(속뚜껑)/핑크물방울…지름 22
• 원단16(겉바닥 N)/핑크…지름 22
• 스펀지(5mm 두께)…20×20
• 브레이드…65 • 진주줄…65

3. 도안

[2mm 판지]

종이 결 방향

[1mm 판지]

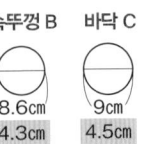

상단 ▶

뚜껑 A
10cm
5cm

속뚜껑 B
8.6cm
4.3cm

바닥 C
9cm
4.5cm

옆면 D
30cm
나중에 조절
4cm

안뚜껑 E
9.8cm
4.9cm

[0.5~0.8mm 판지]

[2mm 판지] **[1mm 판지]**

중단 ▶

뚜껑 F
15cm
7.5cm

속뚜껑 G
13.6cm
6.8cm

바닥 H
14cm
7cm

옆면 I
46cm
나중에 조절
4cm

안뚜껑 J
14.8cm
7.4cm

[0.5~0.8mm 판지]

[2mm 판지] **[1mm 판지]**

하단 ▶

뚜껑 K
겉바닥 N
20cm
10cm
×2장

속뚜껑 L
18.6cm
9.3cm

바닥 M
19cm
9.5cm

옆면 O
62cm
나중에 조절
4cm

안뚜껑 P
19.8cm
9.9cm

[0.5~0.8mm 판지]

⬚ 는 반지름 크기

---

4. 만드는 순서

1. 바닥 C, 옆면 D를 조립하여, 상단 본체를 만듭니다.
2. 옆면 D의 바깥쪽에 원단1을 붙입니다.
3. 바닥 C에 배접지1을 붙인 원단2를 붙입니다.
4. 옆면 D의 안쪽에 배접지2를 붙인 원단3을 붙입니다.
5. 뚜껑 A에 스펀지를 붙이고 면 다듬기를 한 뒤 원단4를 붙입니다.
6. 안뚜껑 E에 속뚜껑 B를 붙여 원단5를 붙이고, 뚜껑 뒤쪽에 붙입니다.

7. 중단, 하단도 같은 방법으로 만듭니다.
8. 하단의 겉바닥 N에 원단16을 붙이고, 뒤쪽에 도화지1을 붙여, 원단을 붙인 면을 위쪽으로 해서 하단의 바닥 바깥에 붙입니다.
9. 중단, 하단을 순서대로 뚜껑 위에 접착합니다.
10. 브레이드와 구슬줄을 둘러주고 꽃과 리본으로 꾸며주면 완성

point tip 중단, 하단의 뚜껑 위에 각각 10cm, 15cm의 원단을 붙인 0.8mm 판지를 깔면 좀 더 멋스럽게 됩니다.

#13
사각 웨딩 케이크
(Château de mariage carré) P.32
(단위: cm)

완성 크기
가로 17×세로 17×높이 15
(꽃 부분 제외)

꽃 재료
• 파레트장미 – 3송이
• 라난 큐러스 – 3송이
• 수국 – 8송이
• 스노우볼 – 약간
• 라임슬라이스(1/4) – 4개
• 머스캣 – 적당량
• 크란베리 – 적당량
• 브랜다베리 – 적당량
• 잎사귀 – 약간

---

1. 도구 (기본 세트 이외, 기본 세트는 P.40)
• 특별히 없음

2. 재료 (판지는 도안을 참고)

〈상단〉
• 원단1(옆면 바깥)/백색…36×10
• 원단2(안바닥 F)/하얀물방울…10×10
• 원단3(뚜껑A)/백색 12×12
• 원단4(안뚜껑 B)/하얀물방울…10×10
• 스펀지(5mm 두께)…8×8
• 브레이드…40
• 리본…50

〈중단〉
• 원단5(옆면 바깥)/백색…50×10
• 원단6(안바닥 L)/하얀 물방울…14×14
• 원단7(뚜껑 G)/백색…15×15
• 원단8(안뚜껑 H)/하얀 물방울…14×14
• 스펀지(5mm 두께)…12×12
• 브레이드…50
• 구슬줄…50

〈하단〉
• 도화지1(겉바닥 R)/그린…17×17
• 원단9(옆면 바깥)/백색…70×10
• 원단10(안바닥 S)/하얀 물방울…19×19
• 원단11(뚜껑 M)/백색…20×20
• 원단12(안뚜껑 N)/하얀 물방울…19×19
• 원단13(겉바닥 R)/…20×20
• 스펀지(5mm 두께)…17×17
• 브레이드…70
• 구슬줄…70

3. 도안

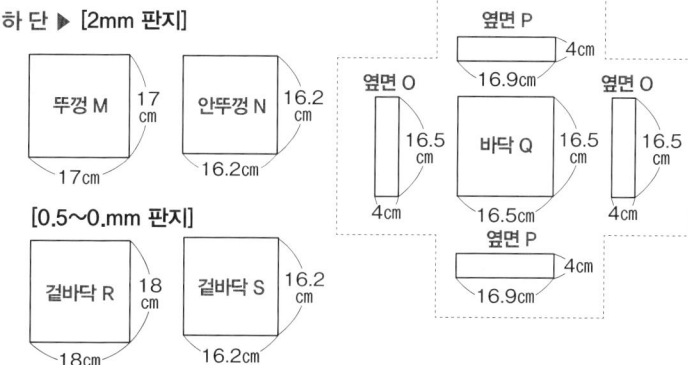

상단 ▶ [2mm 판지]

옆면 D — 4cm, 8.4cm
뚜껑 A — 8.5cm, 8.5cm
옆면 C — 8cm, 4cm
바닥 E — 8cm, 8cm
옆면 C — 8cm, 4cm
안뚜껑 B — 7.7cm
옆면 D — 4cm, 8.4cm

[0.5~0.mm 판지]
안바닥 F — 7.7cm, 7.7cm

중단 ▶ [2mm 판지]

옆면 J — 4cm, 11.9cm
뚜껑 G — 12cm, 12cm
옆면 I — 11.5cm, 4cm
바닥 K — 11.5cm, 11.5cm
옆면 I — 11.5cm, 4cm
안뚜껑 H — 11.2cm
옆면 J — 11.9cm

[0.5~0.mm 판지]
안바닥 L — 11.2cm, 11.2cm

하단 ▶ [2mm 판지]

옆면 P — 4cm, 16.9cm
뚜껑 M — 17cm, 17cm
안뚜껑 N — 16.2cm, 16.2cm
옆면 O — 16.5cm, 4cm
바닥 Q — 16.5cm, 16.5cm
옆면 O — 16.5cm, 4cm
옆면 P — 4cm, 16.9cm

[0.5~0.mm 판지]
겉바닥 R — 18cm, 18cm
겉바닥 S — 16.2cm, 16.2cm

4. 만드는 순서

1. 옆면 C, D, 바닥 F를 조립하여 상단 본체를 만든다.
2. 옆면 비깥쪽에 원단1을 붙이고, 시접을 옆면 안쪽과 바닥 쪽으로 접어 넣어 붙입니다.
3. 안바닥 F에 원단2를 붙이고 바닥 안쪽에 붙입니다.
4. 뚜껑 A에 스펀지를 붙이고, 면 다듬기를 한 뒤 원단3을 붙입니다.
5. 안뚜껑 B에 원단4를 붙이고 뚜껑 뒷쪽에 붙입니다.

6. 중단, 하단도 같은 방법으로 만듭니다.
7. 하단의 겉바닥에 원단13을 붙이고, 뒤쪽에 도화지1을 붙인 뒤, 원단 붙인 쪽을 위로 하여 하단의 바닥 바깥에 붙입니다.
8. 중단, 상단을 순서대로 뚜껑 위에 접착합니다.
9. 브레이드와 구슬줄로 꾸미고, 꽃으로 장식하면 완성.

point tip 작품 전체가 옅은 색일 경우는 꽃으로 꾸밀 때 짙은 색의 열매 등을 넣어주면 전체적으로 균형이 잡힙니다.

#14
콩피츄르
(Confiture) P.37

(단위: cm)

완성 크기
지름 9×높이 8.5

1. 도구(기본 세트 이외, 기본 세트는 P.40)

- 원형커터
- 분무기
- 컴퍼스
- 사포

2. 재료(판지는 도안을 참고)

- 배접지1(겉옆면 C)…29×2(길이는 나중에 조절)
- 배접지2(안바닥)…지름 8.5
- 원단1(뚜껑 A)/빨간 체크…10×10
- 원단2(옆면 C)/빨간 체크…30×7
- 원단3(안뚜껑 F)/빨강…10×10
- 항갑4(옆면 D)/린넨…30×8
- 원단5(겉바닥 G)/린넨…10×10
- 원단6(바닥안쪽)/빨강…10×10
- 원단7(안옆면 E)/체리…29×9
- 리본…50
- 레이스…30

4. 순서

1. 뚜껑 A와 옆면 C, 바닥 B와 옆면 D를 각각 조립해서, 뚜껑과 본체를 만듭니다.
2. 뚜껑 A에 원단1을 붙입니다.
3. 옆면 C에 배접지1을 붙인 원단2를 붙입니다. 이때 긴 변의 한쪽에 시접 2cm를 주어 배접지에 접어서 붙입니다. 반대쪽 시접은 본체 옆면 안쪽과 뚜껑 바닥에 붙입니다.
4. 안뚜껑 F에 원단3을 붙이고, 뚜껑 A의 뒤쪽에 붙입니다.
5. 옆면 D에 원단4를 붙입니다.
6. 겉바닥 G에 원단5를 붙이고, 바닥 바깥에 붙입니다.
7. 배접지2를 붙인 원단6를 바닥 안쪽에 붙입니다.
8. 안옆면 E의 사이즈를 조정해서 원단7을 붙여, 본체의 옆면 안쪽에 붙입니다.
9. 뚜껑에 리본과 브레이드로 꾸며주면 완성

> **point tip** 뚜껑 옆면 바깥쪽의 체크무늬는 대각선 방향으로 재단하면 상자를 더 예쁘게 꾸밀 수 있습니다.

3. 도안

[2mm 판지]

뚜껑 A
8.4cm
4.2cm

바닥 B
8.4cm
4.2cm

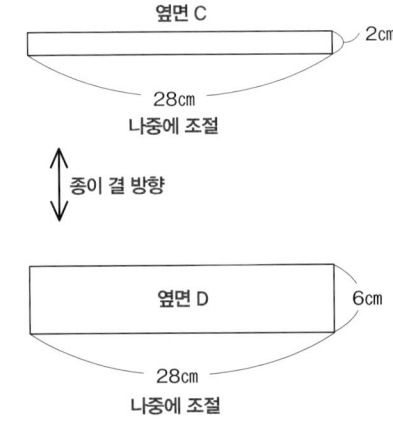

옆면 C
2cm
28cm
나중에 조절

종이 결 방향

옆면 D
6cm
28cm
나중에 조절

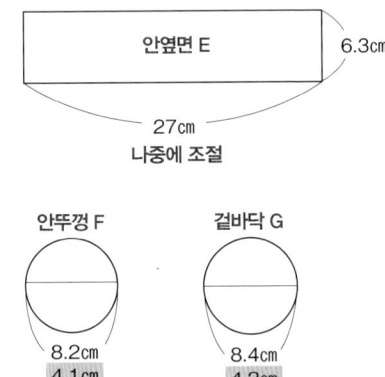

안옆면 E
6.3cm
27cm
나중에 조절

안뚜껑 F
8.2cm
4.1cm

겉바닥 G
8.4cm
4.2cm

▨ 는 반지름 크기

#15
캔디박스
(Boîte de bonbons) P.13
(단위: cm)

완성 크기
가로 12×세로 9×높이 9
(손잡이 부분 제외)

1. 도구(기본 세트 이외, 기본 세트는 P.40)

- 원형커터
- 분무기
- 컴퍼스
- 사포
- 모눈자

2. 재료(판지는 도안을 참고)

〈뚜껑〉
- 접지1(겉바닥, 겉옆면)…24×7.8(길이는 나중에 조절)
- 배접지2(안옆면)…12×9(옆면 C를 복사)(2장)
- 배접지3(안바닥, 안옆면)…23×7.4(길이는 나중에 조절)
- 배접지4(안뚜껑)…7×7
- 원단1(옆면 C)/꽃무늬…14×11(2장)
- 원단2(겉바닥, 겉옆면 D)/꽃무늬…26×10
- 원단3(안옆면)/파란 물방울…14×11(2장)
- 원단4(안바닥, 안옆면)/파란 물방울…25×9.5
- 원단5(뚜껑 A)/파란 체크…11×11
- 원단6(겉뚜껑 B)/흰색…10×10
- 원단7(안뚜껑)/파란 물방울…8.5×8.5
- 스펀지(5mm폭)…6.5×6.5
- 브레이드…30
- 손잡이용 비즈…1개

4. 순서

1. 옆면 C, 바닥. 옆면 D를 조립하여 본체를 만듭니다.
2. 옆면 C에 원단1을 붙여 아래쪽과 옆면의 시접을 처리하고 윗부분의 시접을 본체 옆면 안쪽에 접어 넣어 붙입니다.
3. 배접지1을 붙인 원단2를 바닥, 옆면 D에 붙이고, 윗쪽의 시접을 본체 옆면 안쪽에 접어 넣어 붙입니다.
4. 배접지2를 붙인 원단3을 옆면안쪽 C에 붙입니다.
5. 배접지3을 붙인 원단4를 바닥, 옆면 D의 옆면 안쪽에 붙입니다.
6. 뚜껑 A에 원단5를 붙입니다.
7. 겉뚜껑 B에 스펀지를 붙이고, 면 다듬기를 하여 원단6을 붙입니다.
8. 7에서 만들어진 겉뚜껑 B를 뚜껑 A에 붙입니다.
9. 안뚜껑에 원단7을 붙여 뚜껑 안쪽에 붙입니다.
10. 강력 접착제로 뚜껑 중앙에 비즈를 고정하고 브레이드를 붙여주면된다.

> **point tip** 판지를 조립할 때, 옆면 D가 옆면 C보다 높지 않도록 주의합니다. 미세한 높이 조절은 사포나 줄을 사용하면 좋습니다.

3. 제도

[2mm 판지]

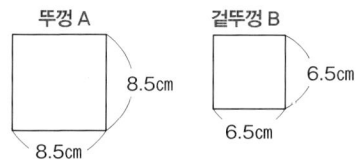

뚜껑 A
8.5cm
8.5cm

겉뚜껑 B
6.5cm
6.5cm

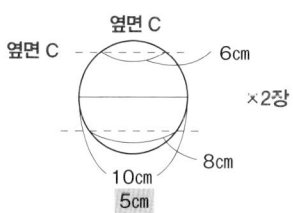

옆면 C
옆면 C
6cm
×2장
8cm
10cm
5cm

[1mm 판지]

↕ 종이 결 방향
바깥쪽에 칼선을 넣어둡니다.

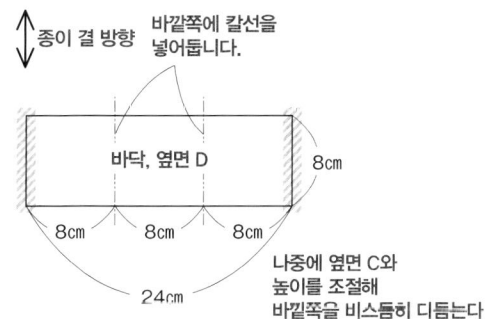

바닥, 옆면 D
8cm
8cm   8cm   8cm
24cm

나중에 옆면 C와 높이를 조절해 바깥쪽을 비스듬히 다듬는다

▨ 는 반지름 크기
▨ 는 비스듬히 다듬을 곳

#16
에클레어
(Eclaire) P.29

(단위: cm)

완성 크기
가로 12×세로 5×높이 5

꽃 재료
• 미니라스베리–3송이
• 수국–3송이
• 잎–약간

1. 도구(기본 세트 이외, 기본 세트는 P.40)

• 원형커터 • 분무기
• 컴퍼스 • 사포

2. 재료(판지는 도안을 참고)

• 배접지1(뚜껑, 겉옆면…12×8.4(길이는 나중에 조절)
• 배접지2(뚜껑, 안옆면 A)…지름5(1/2로 자름)
• 배접지3(뚜껑 안옆면 E)…11.3×8(길이는 나중에 조절)
• 원단1(겉옆면 BC)/타올지…38×6
• 원단2(경첩, 안옆면)/타올지…11.6×5
• 원단3(안바닥 F)/고동물방울…14×7
• 원단4(겉바닥 G)/타올지…14×7
• 원단5(옆면 바깥 A)고동색…7×5(2장)
• 원단6(뚜껑 겉옆면 E)/고동색…14×11
• 원단7(뚜껑 안옆면 A)/고동색…7×5(2장)
• 원단8(뚜껑 안옆면 E)/고동물방울…13×10
• 브레이드…40

3. 도안

4. 만드는 순서

1. 옆면 A, E와 옆면 B, C 바닥 D를 각각 조립하여 뚜껑과 본체를 만듭니다.
2. 본체의 옆면 바깥에 원단1을 붙입니다.
3. 본체 위쪽의 시접 4곳에 가위집을 넣어 뒤쪽 면 이외의 3변을 옆면 안쪽과 바닥에 접어 붙입니다. 뒷면의 시접은 경첩을 위해 남겨놓습니다.
4. 원단2를 3에서 남겨놓은 경첩과 옆면 안쪽에 붙인 후 여분을 잘라내고 모양을 정리합니다.
5. 안바닥 F에 원단3을 붙이고 시접 처리를 한 다음 본체의 바닥안쪽에 붙입니다.
6. 겉바닥 C에 원단4를 붙이고 시접 처리를 한 다음 본체의 바닥 바깥에 붙입니다.
7. 뚜껑의 옆면 바깥 A에 원단5를 붙입니다.
8. 뚜껑 겉옆면 E에 배접지1을 붙인 원단6을 붙입니다.
9. 옆면 A안쪽에 배접지2을 붙인 원단7을 붙입니다.
10. 경첩을 뚜껑의 안쪽에 붙이고, 뚜껑과 본체를 접합합니다.
11. 뚜껑 안옆면 E 안쪽에 배접지3을 붙인 원단8을 붙입니다.
12. 뚜껑의 주위에 브레이드를 붙입니다. 뚜껑의 위쪽에 뿌리듯이 꽃과 열매를 꾸며줍니다.

> **point tip** 경첩이 되는 원단2는 자른 선이 보이므로 원형 커터로 잘린 선을 깨끗이 해놓으면 좋습니다.

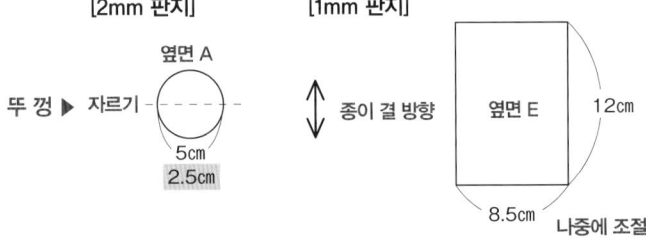

[2mm 판지]

뚜 껑 ▶ 자르기

옆면 A

5cm
2.5cm

[1mm 판지]

종이 결 방향

옆면 E

12cm

8.5cm
나중에 조절

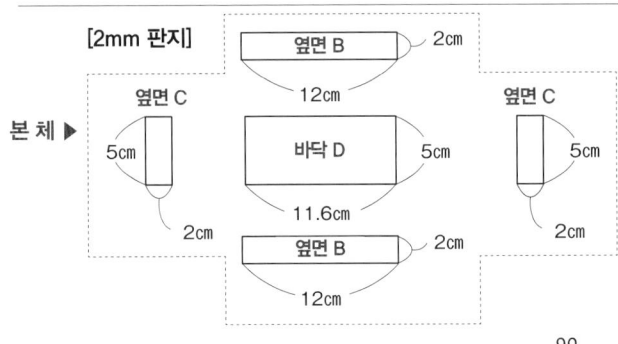

[2mm 판지]

본 체 ▶

옆면 B
12cm 2cm

옆면 C
5cm

바닥 D
11.6cm 5cm

옆면 C
5cm

2cm

옆면 B
12cm 2cm

2cm

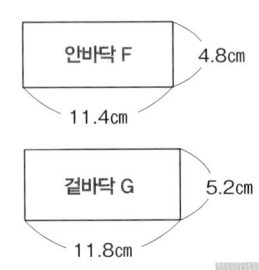

[0.5~0.8mm 판지]

안바닥 F
11.4cm 4.8cm

겉바닥 G
11.8cm 5.2cm

는 반지름 크기

#17
와플
(Gaufre) P.26
(단위: cm)

완성 크기
가로 12×세로 5×높이 6
(꽃 부분 제외)

꽃 재료
• 파레트장미－1송이
• 스노우볼－적당량
• 마가렛－적당량
• 그랑베리－적당량
• 잎－약간

1. 도구(기본 세트 이외, 기본 세트는 P.40)

• 원형커터   • 분무기
• 컴퍼스   • 사포

2. 재료(판지는 도안을 참고)

• 배접지1(겉옆면)…34×2.4(길이는 나중에 조절) 2장
• 배접지2(안바닥)…12×6(바닥 A를 복사)
• 원단1(뚜껑 A. 바닥 A)/옅은 그린…14×8 2장
• 원단2(바닥 상자의 겉옆면) / 그린…36×6
• 원단3(뚜껑의 겉옆면)/그린…36×6
• 원단4(경첩, 옆면안쪽)/그린…12×5
• 원단5(안뚜껑 C)/옅은그린…14×8
• 원단6(안바닥)/옅은 그린…14×8
• 원단7(안옆면 D)/그린 물방울…34×5
• 브레이드…45

3. 도안

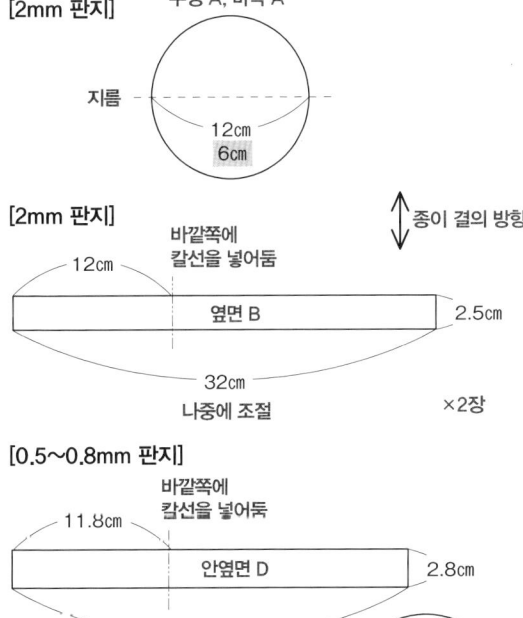

[2mm 판지]
뚜껑 A, 바닥 A

지름

12cm
6cm

[2mm 판지]

↕ 종이 결의 방향

바깥쪽에
칼선을 넣어둠
12cm

옆면 B

2.5cm

32cm
나중에 조절

×2장

[0.5~0.8mm 판지]

바깥쪽에
칼선을 넣어둠
11.8cm

안옆면 D

2.8cm

32cm
나중에 조절

안뚜껑 C

11.8cm
5.9cm

4. 만드는 순서

1. 뚜껑 A, 바닥 A를 각각 옆면 B와 조립하여 뚜껑 상자와 바닥 상자를 만듭니다.
2. 뚜껑 A, 바닥 A에 각각 원단을 붙이고, 시접을 핑킹가위로 잘라 접어 넣어 옆면에 붙입니다.
3. 1장의 배접지1을 원단2에 대고, 긴 변의 한쪽의 시접을 2.5cm로 남겨서 붙여줍니다.
4. 2.5cm 남겨둔 시접은 배접지1에 접어 붙이고, 바닥 상자의 옆면 바깥에 붙입니다. 남은 시접은 옆면 안쪽에 붙여줍니다.
5. 남은 1장의 배접지1을 원단3에 대고, 긴 변의 한쪽 시접을 2.5cm 남기고 붙입니다.
6. 2.5cm 남긴 시접을 배접지1에 붙이고 뚜껑 상자의 옆면 바깥에 붙입니다(다른 쪽의 시접은 접지 말고 그대로)
7. 뚜껑 상자의 각진 곳의 연장선 위에 경첩용의 가위집을 수직으로 넣어줍니다.
8. 뚜껑 상자 직선 쪽의 시접은 그대로 남기고, 곡선 쪽의 시접은 옆면안쪽으로 접어 붙입니다. 시접은 길게 남겨놓았으므로 바닥까지 붙입니다.
9. 원단4를 경첩으로 뚜껑 상자의 직선의 옆면 안쪽에 붙입니다. 좀 전에 남겨둔 시접에도 접착제를 바르고 원단4를 겹쳐서 붙이고, 폭 2cm를 남기고 여분을 잘라내 모양을 정리합니다.
10. 안뚜껑 C에 원단5를 붙여 시접을 뒤로 접어 붙이고 뚜껑 A의 뒤쪽에 붙입니다.
11. 배접지2를 원단6에 붙여 바닥 안쪽에 붙입니다.
12. 안옆면 D에 원단7을 붙이고, 경첩에 덮는 것처럼 바닥 상자의 안쪽에 붙입니다.
13. 뚜껑 상자의 가장자리에 브레이드를 붙입니다. 본체의 중앙에 커다란 꽃을 중심에 놓고 열매와 잎으로 꾸며주면 완성

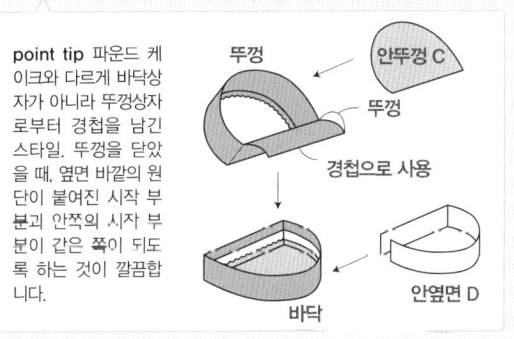

point tip 파운드 케이크와 다르게 바닥상자가 아니라 뚜껑상자로부터 경첩을 남긴 스타일. 뚜껑을 닫았을 때, 옆면 바깥의 원단이 붙여진 시작 부분고 안쪽의 시작 부분이 같은 쪽이 되도록 하는 것이 깔끔합니다.

뚜껑
안뚜껑 C
뚜껑
경첩으로 사용
안옆면 D
바닥

░ 는 반지름 크기

#18
쁘띠 케이크
(Petit gâteau) P.7
(단위; cm)

완성 크기
지름8×높이5
(꽃 부분은 제외)

꽃 재료
• 장미−1송이   • 장미봉우리−1개
• 에덴베리−적당량   • 수국−2개
• 캐러멜−1개   • 잎−약간

1. 도구(기본 세트 이외, 기본 세트는 P.40)

• 테이프   • 분무기   • 원형커터
• 컴퍼스   • 사포

2. 재료(판지는 P.93 도안을 참고)

• 배접지1(겉옆면)···27×1.5(길이는 나중에 조절)
• 배접지2(안바닥)···지름 8
• 원단1(뚜껑 A)/백색···지름 10
• 원단2(겉옆면 C)/오렌지줄무늬···29×5.5
• 원단3(안뚜껑 F)/오렌지···지름 10
• 원단4(옆면 D)/오렌지···29×4.5
• 원단5(겉바닥 G)/체리무늬···지름 10
• 원단6(안바닥)/체리무늬···지름 10
• 원단7(안옆면 E)/체리무늬···27×5
• 스펀지(5mm 두께)···8×8
• 브레이드···30

4. 순서

1. 뚜껑 A와 옆면 C, 바닥 B와 옆면 D를 각각 조립하여 뚜껑과 본체를 만듭니다.
2. 뚜껑 A에 스펀지를 붙이고 면 다듬기 하여 원단1을 붙입니다.
3. 옆면 C에 배접지1을 붙인 원단2를 붙입니다. 이 때 긴 변의 한쪽 시접을 1.5cm 남기고 배접지에 접어 붙여둡니다. 맞은편 시접은 옆면 C의 안쪽과 뚜껑 뒤쪽에 덮듯이 붙입니다.
4. 안뚜껑 F에 원단3을 붙여, 뚜껑 A 뒤쪽에 붙입니다.
5. 옆면 D에 원단4를 붙여, 시접 처리를 합니다.
6. 겉바닥 G에 원단5를 붙여 바닥 바깥에 붙입니다.
7. 배접지2를 붙인 원단6을 바닥 안쪽에 붙입니다.
8. 안옆면 E에 원단7을 붙여, 본체의 옆면 안쪽에 붙입니다(P.50−마카롱 30번 참고)
9. 브레이드를 붙이고 열매와 꽃으로 꾸며주면 완성

point tip 뚜껑의 안쪽에 주름이 생기지 않도록 원단을 손가락으로 펴주면서 붙입니다. 작은 주름이 생겼으면 폴더나 다리미로 펴줍니다.

3. 도안

[2mm 판지]

뚜껑 A

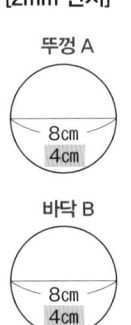

8cm
4cm

바닥 B

8cm
4cm

[1mm 판지]

옆면 C

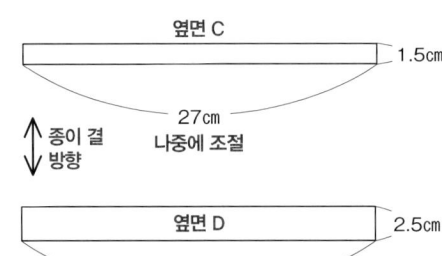

1.5cm

27cm
나중에 조절

↕ 종이 결 방향

옆면 D

2.5cm

27cm
나중에 조절

[0.5〜0.8mm 판지]

옆면 안쪽 E

2.8cm

나중에 조절

26cm

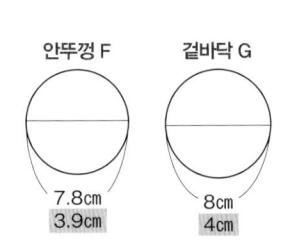

안뚜껑 F   겉바닥 G

7.8cm   8cm
3.9cm   4cm

▨ 는 반지름 크기

#19
파르페 뚜껑
(Couvercle de Parfait) P.31
(단위: cm)

완성 크기
지름 8×높 이5(꽃 부분은 제외)

1. 도구(기본 세트 이외, 기본 세트는 P.40)

• 원형커터 ・컴퍼스 ・사포

2. 재료(판지는 도안을 참고)

• 배접지1(겉옆면)…32×1(길이는 나중에 조절)
• 원단1(뚜껑 A)/핑크…지름 14
• 원단2(겉옆면)/핑크…34×3.5
• 원단3(안뚜껑 C)/핑크물방울…지름 11
• 스펀지(5mm 두께)…10×10
• 레이스…35

3. 도안

[2mm 판지]   [0.5~0.8mm 판지]

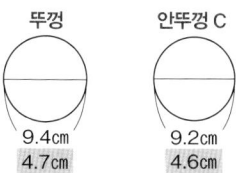

뚜껑
9.4cm
4.7cm

안뚜껑 C
9.2cm
4.6cm

[1mm 판지]

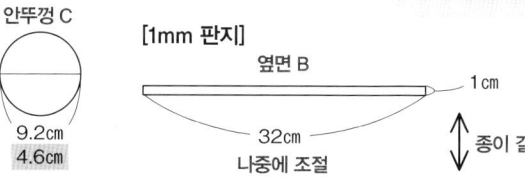

옆면 B
1cm
32cm
나중에 조절

종이 결 방향

4. 만드는 순서

1. 뚜껑 A, 옆면 B를 조립하여 본체를 만듭니다.
2. 뚜껑 A에 스펀지를 붙인 뒤 면 다듬기 하여 원단1을 붙이고 시접을 뒤쪽으로 붙입니다.
3. 시접 1cm를 남기고 원단2에 배접지1을 붙여 긴 변 1변과 짧은 변1면의 시접을 뒤쪽으로 접어 붙입니다.
4. 본체의 옆면 바깥에 3에서 배접해 놓은 원단2를 붙입니다.
5. 원단2의 시접을 옆면 안쪽과 뚜껑 바닥 뒤쪽에 붙입니다.
6. 안뚜껑 C에 원단3을 붙이고 시접을 접어 붙입니다.
7. 뚜껑 A의 안쪽에 6에서 원단3을 붙인 안뚜껑 C를 붙입니다.
8. 가장자리에 레이스를 붙이고 뚜껑의 중앙에 열매와 꽃으로 꾸며주면 완성

▨▨▨ 는 반지름 크기

#20
미니
파운드 케이크
(Petit quatre-quarts) P.26

(단위: cm)

완성 크기
가로 9×세로 7×높이 6

1. 도구(기본 세트 이외, 기본 세트는 P.40)

없음

2. 재료(판지는 도안을 참고)

- 배접지1(안바닥)···7.6×5.6
- 배접지2(안옆면)···27×4.5
- 원단1(옆면D)/고동줄무늬···10×7(2장)
- 원단2(겉옆면 G)/오렌지···8×7(2장)
- 원단3(겉바닥 H)/오렌지물방울···10×8
- 원단4(안바닥)/오렌지 물방울···10×8
- 원단5(안옆면)/오렌지물방울···29×7
- 원단6(뚜껑 A)/고동···12×10
- 원단7(겉뚜껑)/진한 밤색···11×9
- 원단8(안뚜껑 C)/오렌지 물방울···9×7
- 스펀지(5mm 두께)···8×6

4. 만드는 순서

1. 옆면 D. E와 바닥 F를 조립하여 본체를 만듭니다.
2. 옆면 D의 바깥쪽에 원단1을 붙입니다.
3. 겉옆면 G에 원단2를 붙여 짧은 변의 시접을 뒤쪽으로 접어 붙입니다.
4. 본체의 옆면 E에 원단2를 붙인 겉옆면 G를 붙이고 윗변과 아랫변의 시접을 접어 붙입니다.
5. 겉바닥 H에 원단3을 붙인 뒤 시접을 접어 붙이고 바닥 F의 바깥쪽에 붙입니다.
6. 배접지1을 붙인 원단4를 바닥 안쪽에 붙입니다.
7. 배접지2를 붙인 원단5를 본체의 옆면 안쪽에 붙입니다.
8. 뚜껑 A에 원단6을 붙이고 시접을 접어 붙입니다.
9. 겉뚜껑 B에 스펀지를 붙이고 면 다듬기를 한 뒤 원단7을 붙입니다.
10. 겉뚜껑 B를 뚜껑 A의 겉에 붙입니다.
11. 안뚜껑 C에 원단8을 붙여서 뚜껑 A의 안쪽에 붙입니다.
12. 뚜껑의 중앙에 열매와 꽃을 큰 것부터 균형을 맞추면서 꾸며주면 완성

point tip 줄무늬의 원단을 붙일 때는 미리 다림질을 해놓으면 무늬가 휘지 않고 잘 살려집니다.

3. 도안

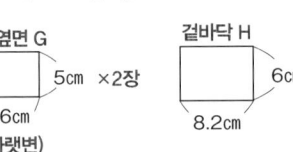

[2mm 판지]

뚜껑 A
7cm
9cm

겉뚜껑 B
6cm
8cm

안뚜껑 C
5.3cm
7.2cm

옆면 D
5cm
8cm

옆면 E
5.6cm
5cm

바닥 F
5.6cm
7.6cm

옆면 E
5.6cm
5cm

옆면 D
5cm
8cm

[0.5~0.8mm 판지]

겉옆면 G
5cm ×2장
6cm
(아랫변)

겉바닥 H
6cm
8.2cm

#21
과자의 집
(Maison en pain d'épice) P.35
(단위: cm)

완성 크기
가로 13×세로 14×높이 13

꽃 재료
• 골드베리피크 −1개

1. 도구(기본 세트 이외, 기본 세트는 P.40)

• 컴퍼스　　　　• 테이프

2. 재료(판지는 도안을 참고)

• 배접지1(안지붕)…17×14
• 배접지2(안바닥)…12×9.6
• 배접지3(안옆면)…11.8×5.5 2장
• 배접지4(안앞편, 안뒷면)…10.5×9.4
　(앞면 A, 뒷면 A를 복사)(2장)
• 도화지1(받침 H 뒤쪽)/고동…13×10.5
• 원단1(지붕 D, E)/흰 벨벳…21×17
• 원단2(안지붕)/백색…19×16
• 원단3(속지붕 F, G)/자주…15×14
• 원단4(옆면 바깥)/베이지…48×13
• 원단5(받침 H)/흰 물방울…16×13
• 원단6(안바닥)/자주…14×12
• 원단7(안옆면)/줄무늬…14×8(2장)
• 원단8(안앞면 A, 안뒷면 A)/줄무늬…12×13 2장
• 원단9(창문)/흰 물방울…7.5×7 2장
• 스펀지(5mm 두께)…18×14
• 방울브레이드(지붕)…70
• 브레이드(창)/백색…60

4. 만드는 순서

1. 지붕 E의 단면에 접착제를 바르고, 지붕 D와 [ㄱ]자가 되도록 붙이고 테이프로 양쪽을 보강합니다.
2. 바깥쪽에 스펀지를 붙이고 면 다듬기를 하여 원단을 붙인 뒤 시접을 접어서 붙입니다. 지붕의 가장자리에 방울브레이드를 붙이고 지붕의 안쪽에 배접지 1을 붙인 원단2를 붙여줍니다.
3. 1과 같은 방법으로 속지붕 F와 G를 붙이고 안쪽에 원단3을 붙여 시접을 뒤쪽으로 접어 붙입니다. 그런 뒤 2에서 만든 지붕의 안쪽에 접착제로 붙여줍니다.
4. 앞면 A. 뒷면 A, 옆면 B, 바닥 C를 조립하여 접착제로 고정합니다.
5. 원단4를 본체 바깥쪽에 둘러 붙이고 여분의 시접을 잘라냅니다. 남겨 놓은 시접을 안쪽 면에 넣어 붙입니다.
6. 받침 H에 원단5를 붙이고 그 뒤쪽에 도화지를 붙여 본체의 바닥에 고정시킵니다.
7. 배접지2를 붙인 원단6을 바닥안쪽에 붙입니다.
8. 배접지3을 붙인 원단7을 본체의 옆면안쪽에 붙여줍니다
9. 배접지4를 붙인뒤 여분을 잘라낸 원단8을 앞면. 뒷면의 안쪽에 붙입니다.
10. 창 I에 원단9를 붙이고 브레이드로 창틀을 꾸민 뒤 본체에 붙입니다.
11. 창틀에 꽃을 장식해주면 완성

point tip 속지붕은 원단의 시접을 접어 붙일 때 틈이 생기는 곳이 있으면 별도로 원단 조각을 대서 붙여주는 것이 좋습니다.

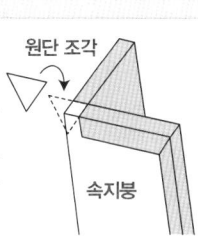

원단 조각

속지붕

3. 도안

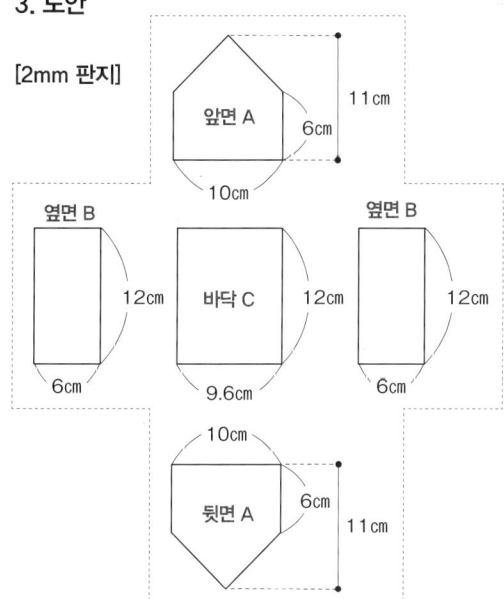

[2mm 판지]

앞면 A　11cm　6cm　10cm

옆면 B　12cm　6cm
바닥 C　12cm　9.6cm
옆면 B　12cm　6cm

뒷면 A　10cm　6cm　11cm

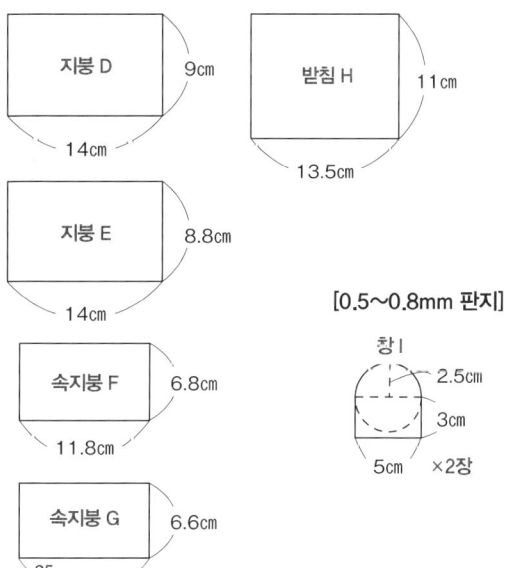

지붕 D　9cm　14cm

지붕 E　8.8cm　14cm

속지붕 F　6.8cm　11.8cm

속지붕 G　6.6cm　95　11.8cm

받침 H　11cm　13.5cm

[0.5〜0.8mm 판지]

창 I　2.5cm　3cm　5cm　×2장

#22
컵케이크
(Petit gâteau) P.12

(단위: cm)

완성 크기
지름 11×높이7
(딸기 부분은 제외)

꽃 재료
• 미니스트로베리–1개
• 잎–약간

1. 도구(기본 세트 이외, 기본 세트는 P.38)

• 원형커터   • 삼각자. 각도기
• 컴퍼스   • 분무기
• 테이프   • 사포

2. 재료(판지는 도안을 참고)

• 배접지1(안바닥)···지름 6.4
• 배접지2(안옆면)···20×20(나중에 조절)
• 원단1(옆면 바깥)/하얀 물방울···20×20(옆면 C를 복사)
• 원단2(겉바닥 D)/하얀 물방울···8×8
• 원단3(안바닥)/푸른 물방울···8×8
• 원단4(안옆면)/푸른 물방울···20×20
• 원단5(뚜껑 A)/백색···11×11
• 원단6(안뚜껑 E)/푸른 물방울···11×11
• 스펀지(5mm 두께)···9×9
• 레이스···35

4. 순서

1. 바닥 B와 옆면 C를 조립하여 본체를 만듭니다.
2. 옆면 C의 바깥쪽에 원단1을 붙입니다.
3. 겉바닥 D에 원단2를 붙이고 시접을 뒤로 접어 붙인 뒤 본체 바닥의 바깥에 붙입니다.
4. 배접지1에 원단3을 붙여 본체의 바닥 안쪽에 붙입니다.
5. 옆면 C의 위쪽 둘레에 레이스를 붙여줍니다.
6. 큰 쪽의 호는 반지름 18.5cm, 작은 쪽 호는 반지름 13cm의 원을 그려 약 90도의 원주를 부채꼴 모양으로 잘라 배접지2를 만듭니다.
7. 6에서 만든 배접지2에 원단4를 붙여 본체의 옆면 안쪽에 붙입니다.
8. 뚜껑 A에 스펀지를 붙여 면 다듬기를 한 뒤 원단5를 붙입니다.
9. 안뚜껑 E에 원단6을 붙여 뚜껑 A의 뒤쪽에 붙입니다.
10. 뚜껑에 딸기와 잎을 장식하면 완성

point tip 옆면을 조립할 때 뚜껑을 대본 뒤 위쪽 가장자리보다 5mm 이상 내려오도록 조정해주세요.

3. 도안

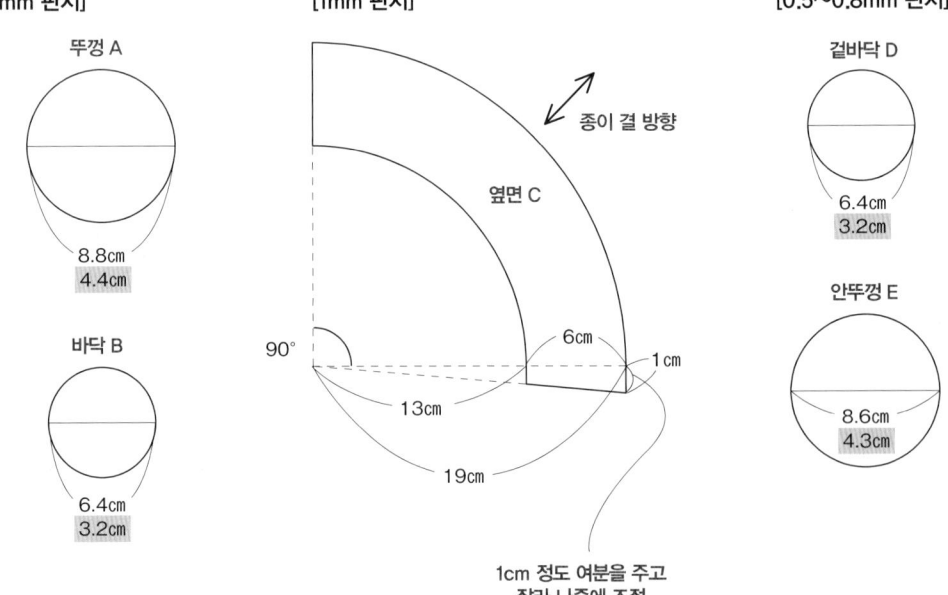

[2mm 판지]

뚜껑 A
8.8cm
4.4cm

바닥 B
6.4cm
3.2cm

[1mm 판지]

종이 결 방향

옆면 C

90°

6cm
1cm
13cm
19cm

1cm 정도 여분을 주고 잘라 나중에 조절

[0.5~0.8mm 판지]

겉바닥 D
6.4cm
3.2cm

안뚜껑 E
8.6cm
4.3cm

는 반지름 크기

한국리본공예협회

한국리본공예협회에서는
리본공예(리본아트, 리본플라워아트, 리본자수, 코사지아트, 포장아트, 까또나주)
등 취미 및 전문가과정의 체계적인 커리큘럼으로
역량 있는 강사 배출 및 까또나주의 저변 확대와
여성의 자기계발에 힘쓰고 있습니다.

www.eribbon.net
02-533-1814

까또나주를 배울 수 있는 곳(취미 및 강사과정)

김선영(회장)	서울서초교육원(본원)	02-533-1814
김희수(교수)	일산탄현교육원	0505-221-2020
이명선(수석)	고양행신교육원	031-970-4240
곽내희(수석)	서울수서교육원	02-459-3639
전경임(수석)	통영북신교육원	055-641-3650
이남미(수석)	경기광주교육원	070-8775-2292
김미연(사범)	서울도봉교육원	010-7135-5260
김수현(사범)	서울상도교육원	010-4749-7114

DIY 및 재료 쇼핑몰 – 리본카페

서울 종로구 동대문종합시장 B동 5층 5201,5202호

02-2274-1814(Tel.), 02-2264-1814(fax.)
www.ribboncafe.co.kr

리본카페 동대문점 찾아오시는 길

동대문 종합시장 B동 5201, 5202호
매장 위치 : B동 엘리베이터 5층에서 오른쪽 벽면
　　　　　(삐에로로 외우세요~)
영업 시간 : 오전 9시 ~ 오후 6시 30분
교통 : 전철 1, 4호선
　　　　동대문역 9번 출구

Le Cartonage